6級の復習テスト(1)

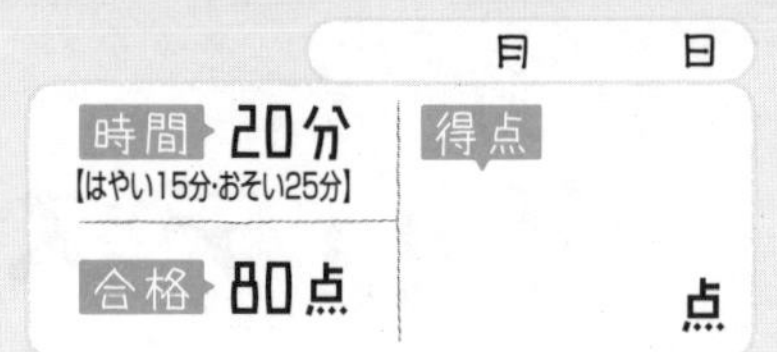

1 計算をしなさい。(1つ5点)

① $\frac{5}{9}+\frac{8}{9}$

② $3\frac{6}{7}+2\frac{4}{7}$

③ $1\frac{1}{8}-\frac{6}{8}$

④ $4-2\frac{7}{10}$

⑤ $1\frac{3}{4}+\frac{2}{4}+2\frac{3}{4}$

⑥ $6-\left(2\frac{4}{5}+1\frac{3}{5}\right)$

2 (　)までのがい数にして，計算の答えを見積(みつ)もりなさい。(1つ5点)

① 4683+5329 (百の位)

② 67152−24903 (千の位)

③ 5930×376 (上から1けた)

④ 6285÷294 (上から1けた)

3 計算をしなさい。(1つ5点)

① $\begin{array}{r} 9.7 \\ +\ 8.3 \\ \hline \end{array}$

② $\begin{array}{r} 6.54 \\ +\ 8.89 \\ \hline \end{array}$

★③ $\begin{array}{r} 17.685 \\ +\ 54.993 \\ \hline \end{array}$

④ $\begin{array}{r} 10.4 \\ -\ \ 7.62 \\ \hline \end{array}$

⑤ $\begin{array}{r} 54.13 \\ -\ 34.55 \\ \hline \end{array}$

⑥ $\begin{array}{r} 2.3 \\ -\ 0.906 \\ \hline \end{array}$

⑦ 2.56+0.97+1.69

⑧ 7.02−2.55+1.88

⑨ 4.827+5.473−6.565

★⑩ 10−(6.768+2.936)

6級の復習テスト(2)

時間 20分【はやい15分・おそい25分】 合格 80点 得点 点

1 かけ算をしなさい。(1つ5点)

① $\begin{array}{r} 8.96 \\ \times \quad 6 \\ \hline \end{array}$

② $\begin{array}{r} 4.583 \\ \times \quad 9 \\ \hline \end{array}$

③ $\begin{array}{r} 3.09 \\ \times \quad 34 \\ \hline \end{array}$

④ $\begin{array}{r} 57.8 \\ \times \quad 87 \\ \hline \end{array}$

⑤ $\begin{array}{r} 0.925 \\ \times \quad 68 \\ \hline \end{array}$

⑥ $\begin{array}{r} 0.7 \\ \times 423 \\ \hline \end{array}$

⑦ $\begin{array}{r} 6.9 \\ \times 744 \\ \hline \end{array}$

★⑧ $\begin{array}{r} 4.055 \\ \times \quad 846 \\ \hline \end{array}$

2 商は $\frac{1}{10}$ の位まで求め，余(あま)りも出しなさい。(1つ6点)

① $9 \overline{)\ 68.4}$

★② $6 \overline{)\ 328.5}$

★③ $89 \overline{)\ 324.1}$

3 わり切れるまで計算しなさい。(1つ7点)

① $8 \overline{)\ 7.6}$

② $24 \overline{)\ 58.8}$

★③ $75 \overline{)\ 118.8}$

4 商を $\frac{1}{100}$ の位までのがい数で求めなさい。(1つ7点)

① $7 \overline{)\ 24.6}$

② $89 \overline{)\ 77.6}$

★③ $37 \overline{)\ 101.2}$

6級の復習テスト(3)

月　日

時間 20分【はやい15分・おそい25分】　得点

合格 80点　点

1 計算をしなさい。(1つ5点)

① $\frac{5}{8}+\frac{3}{8}$　② $\frac{2}{5}+3\frac{4}{5}$

③ $5-\frac{2}{9}$　④ $4\frac{3}{6}-3\frac{4}{6}$

⑤ $2\frac{1}{7}-\frac{6}{7}+\frac{3}{7}$　⑥ $\frac{3}{4}+4-1\frac{2}{4}$

2 (　)までのがい数にして，計算の答えを見積(みつ)もりなさい。(1つ5点)

① 6345−3756　(百の位)　② 28418+56732　(千の位)

③ 8269÷517　(上から1けた)　④ 7324×75　(上から1けた)

3 計算をしなさい。(1つ5点)

① $\begin{array}{r} 4.68 \\ +0.57 \\ \hline \end{array}$　② $\begin{array}{r} 52.6 \\ +67.4 \\ \hline \end{array}$　③ $\begin{array}{r} 0.0894 \\ +0.0308 \\ \hline \end{array}$

④ $\begin{array}{r} 2.35 \\ -1.87 \\ \hline \end{array}$　⑤ $\begin{array}{l} \ \ 6 \\ -4.135 \\ \hline \end{array}$　⑥ $\begin{array}{l} \ \ 12.19 \\ -10.6 \\ \hline \end{array}$

⑦ 3.72+1.58−2.46

⑧ 5−0.97−3.14

⑨ 4.61+(2.3−0.87)

★⑩ 31.34−(75.06−50.98)

6級の復習テスト(4)

時間 20分【はやい15分・おそい25分】
合格 80点
得点 点

1 かけ算をしなさい。(1つ5点)

① 0.47×2　② 67.3×8　③ 4.32×25　④ 5.81×67

⑤ 95.4×81　⑥ 1.2×126　⑦ 39.5×407　★⑧ 243.6×398

2 商は $\frac{1}{100}$ の位まで求め，余(あま)りも出しなさい。(1つ6点)

① $6\overline{)2.71}$　★② $43\overline{)38.67}$　★③ $17\overline{)59.04}$

3 わり切れるまで計算しなさい。(1つ7点)

① $4\overline{)5.9}$　② $52\overline{)45.5}$　★③ $78\overline{)79.95}$

4 商を $\frac{1}{10}$ の位までのがい数で求めなさい。(1つ7点)

① $8\overline{)9.7}$　② $45\overline{)29.8}$　③ $36\overline{)99.9}$

3日 終わりに0のついた数のかけ算の筆算

7.4×5600 の筆算

計算のしかた

❶ 00ははみ出して書き，74×56 の計算をする

```
    7.4
  ×5600
   444
  370
  4144
```

→

❷ 74×56 の答えの末位に0を2つつける

```
    7.4
  ×5600
   444
  370
  414400
```

→

❸ 小数点の位置をきめる

```
    7.4
  ×5600
   444
  370
  41440.0
```

□をうめて，計算のしかたを覚えよう。

❶ かける数 5600 の 00 はないものとして，

74×56=① の計算をします。

❷ ① の末位に0を ② つつけて ③ にします。

❸ 答えの小数点の位置をきめます。

0を ② つつけたから，かけられる数の小数点の位置から右へ ④ つ移(うつ)すと，⑤ になります。

答えは，7.4×5600=⑤

覚えよう 終わりに0のついた 7.4×5600 の計算では，74÷10×56×100 と考えると，答えは4144に0を1つつけた数と同じになります。

計算してみよう

時間 20分
【はやい15分・おそい25分】
合格 14個
正答

／18個

1 かけ算をしなさい。

① 0.3 × 7000

② 0.06 × 900

③ 0.04 × 5000

④ 2.8 × 9000

⑤ 5.4 × 700

⑥ 0.75 × 8000

⑦ 0.04 × 8600

⑧ 0.6 × 980

⑨ 0.5 × 52000

⑩ 2.6 × 380

⑪ 5.4 × 7800

⑫ 0.98 × 6500

⑬ 3.2 × 290

⑭ 6.3 × 6900

⑮ 0.8 × 8400

⑯ 0.4 × 87000

⑰ 0.96 × 8800

⑱ 0.68 × 9400

4日 終わりに0のついた数のわり算の筆算

27300÷700 の筆算

計算のしかた

❶ 00を消す　❷ 27÷7 の計算をする　❸ 63÷7 の計算をする。

```
7ØØ)273ØØ → 7ØØ)273ØØ  (商 3)     → 7ØØ)273ØØ  (商 39)
                21                      21
                 63                      63
                                         63
                                          0
```

□をうめて，計算のしかたを覚えよう。

❶ わる数の 700 を7とするために，わる数もわられる数も［①　　］でわって，［②　　］÷7 として計算します。

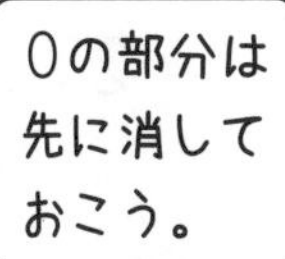

❷ ［②　　］を7でわると，商の十の位に［③　　］がたちます。

❸ 次に，商の一の位に［④　　］をたてると，ちょうどわり切れます。

答えは，27300÷700=［⑤　　］

覚えよう 終わりに0のついた 27300÷700 のような計算では，わる数が整数になるように，わる数とわられる数の両方を 10 や 100 でわって，かんたんな式に直して計算します。

計算してみよう

時間 20分【はやい15分・おそい25分】
合格 14個

正答 ／18個

1 わり算をしなさい。

① 600)19200

② 400)34400

③ 800)52000

④ 700)3640

⑤ 900)5670

⑥ 300)2940

⑦ 270)21600

⑧ 430)1720

⑨ 860)60200

⑩ 3400)9180

★⑪ 7600)44840

★⑫ 9200)75440

★⑬ 5600)42560

★⑭ 8300)28220

⑮ 4500)38700

⑯ 28000)1680

⑰ 69000)6210

★⑱ 74000)19980

復習テスト(1)

時間 20分 【はやい15分・おそい25分】	得点
合格 80点	点

月　日

1 かけ算をしなさい。(1つ6点)

① 0.08×700

② 6.3×900

③ 0.5×4800

④ 3.4×430

⑤ 0.87×9500

⑥ 5.9×360

⑦ 9.6×7200

⑧ 0.24×5800

2 わり算をしなさい。(①～④1つ6点，⑤～⑧1つ7点)

① $28500 \div 500$

② $39200 \div 800$

③ $2190 \div 300$

★④ $21440 \div 670$

★⑤ $40320 \div 420$

★⑥ $38500 \div 770$

⑦ $32300 \div 3800$

⑧ $7520 \div 94000$

復習テスト(2)

時間 20分【はやい15分・おそい25分】
合格 80点
得点 点

1 かけ算をしなさい。(1つ6点)

① 0.7×60

② 3.8×900

③ 0.05×8300

④ 7.5×960

⑤ 0.44×6200

⑥ 3.4×730

⑦ 0.6×4800

⑧ 0.74×9600

2 わり算をしなさい。(①～④1つ6点, ⑤～⑧1つ7点)

① $38700 \div 900$

② $45600 \div 600$

③ $3680 \div 400$

★④ $13440 \div 480$

⑤ $5460 \div 650$

★⑥ $1692 \div 4700$

★⑦ $93240 \div 2400$

★⑧ $22360 \div 8600$

6日 (整数)×(小数)

8×0.4，60×0.07 の計算

計算のしかた

❶ 8×0.4
=8×4÷10　　整数の計算に直す
=32÷10
=3.2

❷ 60×0.07
=60×7÷100　　整数の計算に直す
=420÷100
=4.2

□をうめて，計算のしかたを覚えよう。

❶ 8×0.4 は，8×4÷① □ と考えると，
32÷① □ =② □ になります。
答えは，8×0.4=② □

❷ 60×0.07 は，60×7÷③ □ と考えると，
420÷③ □ =④ □ になります。
答えは，60×0.07=④ □

覚えよう (整数)×(小数) の計算は，(整数)×(整数)÷10，(整数)×(整数)÷100 のように考えます。例えば，8×0.4 は 8×4÷10，60×0.07 は 60×7÷100 に直して計算します。

計算してみよう

時間 20分 【はやい15分·おそい25分】
合格 16個
正答 /20個

1 かけ算をしなさい。

① 4×0.7

② 6×0.3

③ 2×0.8

④ 9×0.6

⑤ 50×0.4

⑥ 70×0.7

⑦ 40×0.3

⑧ 80×0.8

⑨ 600×0.5

⑩ 900×0.4

⑪ 4×0.08

⑫ 3×0.07

⑬ 60×0.09

⑭ 80×0.03

⑮ 400×0.04

⑯ 700×0.06

⑰ 2×0.006

⑱ 9×0.007

⑲ 30×0.003

⑳ 500×0.009

(整数)×(小数) の筆算 (1)

36×2.5 の筆算

計算のしかた

❶ $\frac{1}{10}$ の位の数をかける

$$\begin{array}{r} 36 \\ \times\ 2.5 \\ \hline 180 \end{array}$$

→

❷ 一の位の数をかける

$$\begin{array}{r} 36 \\ \times\ 2.5 \\ \hline 180 \\ 72 \end{array}$$

→

❸ 答えの小数点をうつ

$$\begin{array}{r} 36 \\ \times\ 2.5 \\ \hline 180 \\ 72 \\ \hline 90.0 \end{array}$$

小数点以下の末位の0は消す

□をうめて，計算のしかたを覚えよう。

❶ かける数の $\frac{1}{10}$ の位の数 ① □ を 36 にかけると，

36× ① □ = ② □ になります。

❷ 次に，かける数の一の位の数 ③ □ を 36 にかけると，

36× ③ □ = ④ □ になります。

❸ ② □ + ④ □ ×10= ⑤ □ になりますが，かける数と同じ位置に小数点をうちます。

答えは，36×2.5= ⑥ □

覚えよう (整数)×(小数) の筆算は，(整数)×(整数) の筆算として計算し，その答えの小数点の位置を考えます。答えの小数点の位置はかける数の小数点の位置と同じになります。

計算してみよう

時間 20分【はやい15分・おそい25分】 正答 /20個
合格 16個

1 かけ算をしなさい。

① $\begin{array}{r} 83 \\ \times 0.7 \\ \hline \end{array}$ ② $\begin{array}{r} 47 \\ \times 0.3 \\ \hline \end{array}$ ③ $\begin{array}{r} 64 \\ \times 0.5 \\ \hline \end{array}$ ④ $\begin{array}{r} 56 \\ \times 0.9 \\ \hline \end{array}$

⑤ $\begin{array}{r} 39 \\ \times 0.6 \\ \hline \end{array}$ ⑥ $\begin{array}{r} 95 \\ \times 0.8 \\ \hline \end{array}$ ⑦ $\begin{array}{r} 18 \\ \times 2.3 \\ \hline \end{array}$ ⑧ $\begin{array}{r} 37 \\ \times 5.2 \\ \hline \end{array}$

⑨ $\begin{array}{r} 65 \\ \times 7.4 \\ \hline \end{array}$ ⑩ $\begin{array}{r} 94 \\ \times 8.6 \\ \hline \end{array}$ ⑪ $\begin{array}{r} 76 \\ \times 3.9 \\ \hline \end{array}$ ⑫ $\begin{array}{r} 98 \\ \times 9.8 \\ \hline \end{array}$

⑬ $\begin{array}{r} 21 \\ \times 3.4 \\ \hline \end{array}$ ⑭ $\begin{array}{r} 53 \\ \times 4.7 \\ \hline \end{array}$ ⑮ $\begin{array}{r} 46 \\ \times 9.2 \\ \hline \end{array}$ ⑯ $\begin{array}{r} 49 \\ \times 1.3 \\ \hline \end{array}$

⑰ $\begin{array}{r} 87 \\ \times 6.9 \\ \hline \end{array}$ ⑱ $\begin{array}{r} 93 \\ \times 8.7 \\ \hline \end{array}$ ⑲ $\begin{array}{r} 74 \\ \times 9.5 \\ \hline \end{array}$ ⑳ $\begin{array}{r} 96 \\ \times 7.2 \\ \hline \end{array}$

8日 復習テスト(3)

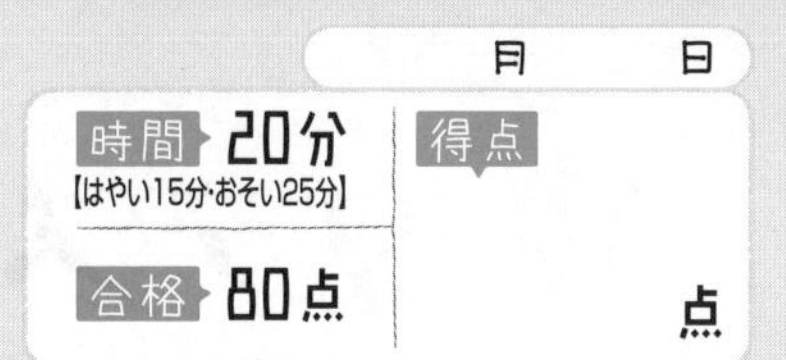

1 かけ算をしなさい。（1つ5点）

① 5×0.2　　② 30×0.8

③ 700×0.5　　④ 4×0.06

⑤ 90×0.09　　⑥ 800×0.05

2 かけ算をしなさい。（1つ5点）

① 57×0.4　　② 73×0.9　　③ 29×0.7　　④ 244×0.6

⑤ 64×0.8　　⑥ 48×0.4　　⑦ 52×3.7　　⑧ 29×8.4

⑨ 78×5.6　　⑩ 35×7.2　　⑪ 94×5.8　　⑫ 61×9.5

⑬ 67×2.5　　⑭ 89×4.9

復習テスト(4)

時間 20分【はやい15分・おそい25分】
合格 80点
得点 点

1 かけ算をしなさい。（1つ5点）

① 5×0.06　② 70×0.08

③ 400×0.09　④ 3×0.005

⑤ 60×0.006　⑥ 800×0.007

2 かけ算をしなさい。（1つ5点）

① 98×0.6　② 27×0.7　③ 35×0.8　④ 72×8.4

⑤ 54×9.3　⑥ 48×6.5　⑦ 93×6.2　⑧ 64×7.5

⑨ 71×9.8　⑩ 38×5.4　⑪ 69×6.8　⑫ 96×4.3

⑬ 46×3.8　⑭ 82×7.9

まとめテスト (1)

月　日

時間 25分 【はやい20分・おそい30分】
合格 80点
得点　　点

1 かけ算をしなさい。（①〜④1つ4点，⑤〜⑬1つ7点）

① 6×0.4

② 300×0.7

③ 50×0.09

④ 2×0.08

⑤ $\begin{array}{r} 6.7 \\ \times \quad 80 \\ \hline \end{array}$

⑥ $\begin{array}{r} 0.26 \\ \times \quad 950 \\ \hline \end{array}$

⑦ $\begin{array}{r} 0.38 \\ \times \quad 7600 \\ \hline \end{array}$

⑧ $\begin{array}{r} 57 \\ \times 0.9 \\ \hline \end{array}$

⑨ $\begin{array}{r} 93 \\ \times 0.7 \\ \hline \end{array}$

⑩ $\begin{array}{r} 68 \\ \times 8.4 \\ \hline \end{array}$

⑪ $\begin{array}{r} 85 \\ \times 6.7 \\ \hline \end{array}$

⑫ $\begin{array}{r} 72 \\ \times 3.6 \\ \hline \end{array}$

⑬ $\begin{array}{r} 94 \\ \times 5.2 \\ \hline \end{array}$

2 わり算をしなさい。（1つ7点）

① $700 \overline{) 32200}$

★② $8400 \overline{) 82320}$

★③ $57000 \overline{) 193800}$

まとめテスト(2)

時間 25分【はやい20分・おそい30分】
合格 80点
得点　　点

1 かけ算をしなさい。（①〜④1つ4点，⑤〜⑬1つ7点）

① 80×0.9　　② 5×0.03

③ 400×0.07　　④ 60×0.006

⑤ 0.86×92000　　⑥ 2.8×6800　　⑦ 49×7.2

⑧ 93×6.8　　⑨ 84×4.7　　⑩ 65×3.2

⑪ 86×9.4　　⑫ 39×3.8　　⑬ 74×8.6

2 わり算をしなさい。（1つ7点）

① $800 \overline{)6560}$　　★② $3900 \overline{)249600}$　　③ $96000 \overline{)91200}$

月　日

(整数)×(小数) の筆算 (2)

178×0.45 の筆算

計算のしかた

❶ $\frac{1}{100}$ の位の数をかける

```
  178
×0.45
  890
```

→

❷ $\frac{1}{10}$ の位の数をかける

```
  178
×0.45
  890
 712
```

→

❸ 答えの小数点をうつ

```
  178
×0.45
  890
 712
 80.10
```

小数点以下の末位の0は消す

□をうめて，計算のしかたを覚えよう。

❶ かける数の $\frac{1}{100}$ の位の数 ① □ を 178 にかけると，

178× ① □ = ② □ になります。

❷ かける数の $\frac{1}{10}$ の位の数 ③ □ を 178 にかけると，

178× ③ □ = ④ □ になります。

❸ ② □ + ④ □ ×10= ⑤ □ になりますが，かける数と同じ位置に小数点をうちます。

答えは，178×0.45= ⑥ □

覚えよう

(整数)×(小数) の筆算は，(整数)×(整数) の筆算として計算し，その答えの小数点の位置を考えます。答えの小数点の位置はかける数の小数点の位置と同じになります。

計算してみよう

時間 20分
【はやい15分・おそい25分】

合格 16個

正答 　／20個

1 かけ算をしなさい。

① 125×0.34

② 271×0.92

③ 436×0.76

④ 829×0.53

⑤ 637×0.44

⑥ 548×0.96

⑦ 328×0.19

⑧ 407×0.58

⑨ 774×0.87

⑩ 13×0.256

⑪ 45×0.127

⑫ 28×0.684

⑬ 37×0.538

⑭ 72×0.952

⑮ 68×0.873

⑯ 241×0.044

⑰ 707×0.069

⑱ 935×0.086

⑲ 623×0.057

⑳ 584×0.072

(小数)×(小数)

0.4×0.6，0.7×0.08 の計算

計算のしかた

❶ 0.4×0.6
=4×6÷100　整数の計算に直す
=24÷100
=0.24

❷ 0.7×0.08
=7×8÷1000　整数の計算に直す
=56÷1000
=0.056

□をうめて，計算のしかたを覚えよう。

❶ 0.4×0.6 は，4×6÷① と考えると，24÷① =② になります。
答えは，0.4×0.6=②

❷ 0.7×0.08 は，7×8÷③ と考えると，56÷③ =④ になります。
答えは，0.7×0.08=④

覚えよう　(小数)×(小数) の計算は，(整数)×(整数) として計算し，100 や 1000 でわって答えを求めます。例えば，0.4×0.6 は 4÷10×6÷10=4×6÷100，0.7×0.08 は 7÷10×8÷100=7×8÷1000 と考えます。

計算してみよう

時間 20分【はやい15分・おそい25分】
合格 16個
正答 /20個

1 かけ算をしなさい。

① 0.2×0.4
② 0.3×0.8
③ 0.6×0.8
④ 0.9×0.5
⑤ 0.7×0.6
⑥ 0.5×0.7
⑦ 0.7×0.4
⑧ 0.6×0.5
⑨ 0.04×0.3
⑩ 0.03×0.7
⑪ 0.09×0.2
⑫ 0.05×0.4
⑬ 0.2×0.07
⑭ 0.6×0.07
⑮ 0.9×0.03
⑯ 0.7×0.09
⑰ 0.03×0.05
⑱ 0.02×0.02
⑲ 0.05×0.05
⑳ 0.07×0.07

復習テスト(5)

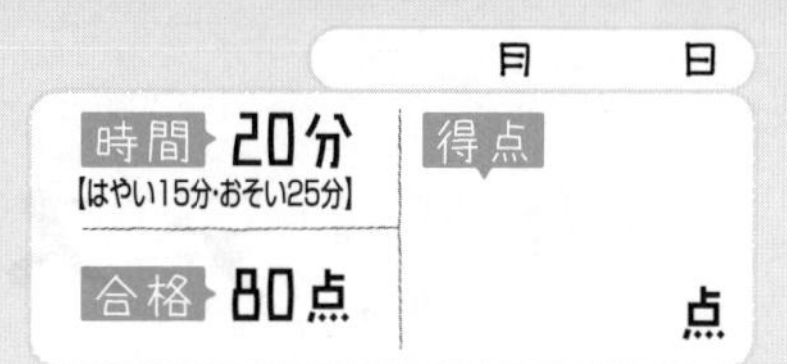

1 かけ算をしなさい。(①②1つ4点，③～⑥1つ5点)

① 0.4×0.2　　② 0.5×0.8

③ 0.8×0.7　　④ 0.06×0.6

⑤ 0.2×0.05　　⑥ 0.8×0.04

2 かけ算をしなさい。(1つ6点)

① 184×0.62　　② 729×0.88　　③ 315×0.73

④ 632×0.49　　⑤ 256×0.94　　⑥ 809×0.84

⑦ 15×0.261　　⑧ 78×0.834　　⑨ 62×0.527

⑩ 93×0.956　　⑪ 377×0.081　　⑫ 756×0.066

復習テスト(6)

時間 20分 【はやい15分・おそい25分】
合格 80点
得点 点

1 かけ算をしなさい。(①②1つ4点，③～⑥1つ5点)

① 0.3×0.3　　② 0.8×0.9

③ 0.04×0.8　　④ 0.7×0.05

⑤ 0.08×0.05　　★⑥ 0.2×0.2×0.5

2 かけ算をしなさい。(1つ6点)

① 326×0.84　　② 154×0.76　　③ 921×0.45

④ 785×0.68　　⑤ 597×0.49　　⑥ 926×0.92

⑦ 26×0.432　　⑧ 84×0.615　　⑨ 55×0.832

⑩ 647×0.093　　⑪ 859×0.757　　⑫ 368×4.86

(小数)×(小数) の筆算 (1)

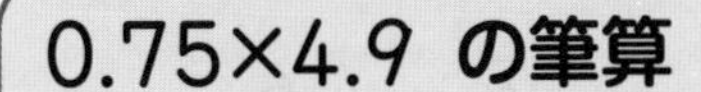

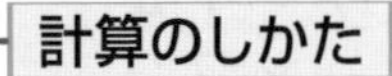

❶ $\frac{1}{10}$ の位の数をかける

$$\begin{array}{r} 0.75 \\ \times\quad 4.9 \\ \hline 675 \end{array}$$

→

❷ 一の位の数をかける

$$\begin{array}{r} 0.75 \\ \times\quad 4.9 \\ \hline 675 \\ 300 \end{array}$$

→

❸ 答えの小数点をうつ

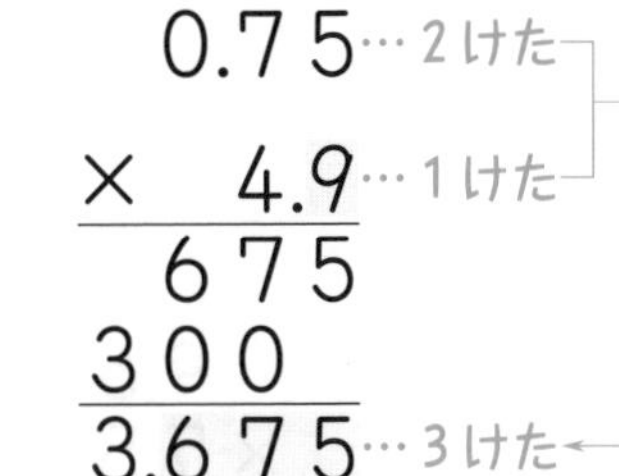

□をうめて，計算のしかたを覚えよう。

❶ かける数の $\frac{1}{10}$ の位の数 ①□ を 75 にかけると，

75×①□＝②□ になります。

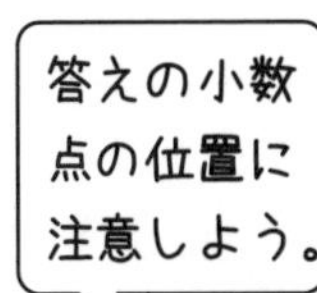

❷ かける数の一の位の数 ③□ を 75 にかけると，

75×③□＝④□ になります。

❸ ②□＋④□×10＝⑤□ になりますが，0.75 は小数点が右から左へ ⑥□ つ目，4.9 は小数点が右から左へ ⑦□ つ目にあるので，答えには，⑤□ の右から左へ ⑧□ つ目の 3 と 6 の間に小数点をうちます。

答えは，0.75×4.9＝⑨□

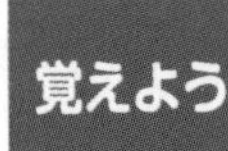

(小数)×(小数) の筆算は，小数点がないものとして計算します。積の小数点から下のけた数は，かけられる数とかける数の小数点から下のけた数の和にします。例えば，0.75×4.9 のときは，(2 けた)＋(1 けた)＝(3 けた) と考えます。

計算してみよう

時間 20分 【はやい15分・おそい25分】
合格 13個

正答 ／16個

1 かけ算をしなさい。

① $\begin{array}{r} 1.4 \\ \times\ 7.2 \\ \hline \end{array}$

② $\begin{array}{r} 7.3 \\ \times\ 3.6 \\ \hline \end{array}$

③ $\begin{array}{r} 5.1 \\ \times\ 6.7 \\ \hline \end{array}$

④ $\begin{array}{r} 4.6 \\ \times\ 2.3 \\ \hline \end{array}$

⑤ $\begin{array}{r} 8.7 \\ \times\ 5.9 \\ \hline \end{array}$

⑥ $\begin{array}{r} 9.6 \\ \times\ 7.5 \\ \hline \end{array}$

⑦ $\begin{array}{r} 6.4 \\ \times\ 1.7 \\ \hline \end{array}$

⑧ $\begin{array}{r} 3.8 \\ \times\ 5.6 \\ \hline \end{array}$

⑨ $\begin{array}{r} 0.24 \\ \times\ \ \ 4.2 \\ \hline \end{array}$

⑩ $\begin{array}{r} 0.63 \\ \times\ \ \ 3.5 \\ \hline \end{array}$

⑪ $\begin{array}{r} 0.52 \\ \times\ \ \ 5.5 \\ \hline \end{array}$

⑫ $\begin{array}{r} 0.39 \\ \times\ \ \ 7.7 \\ \hline \end{array}$

⑬ $\begin{array}{r} 5.6 \\ \times\ 0.83 \\ \hline \end{array}$

⑭ $\begin{array}{r} 7.5 \\ \times\ 0.18 \\ \hline \end{array}$

⑮ $\begin{array}{r} 6.9 \\ \times\ 0.54 \\ \hline \end{array}$

⑯ $\begin{array}{r} 3.9 \\ \times\ 0.97 \\ \hline \end{array}$

(小数)×(小数) の筆算 (2)

37.4×0.86 の筆算

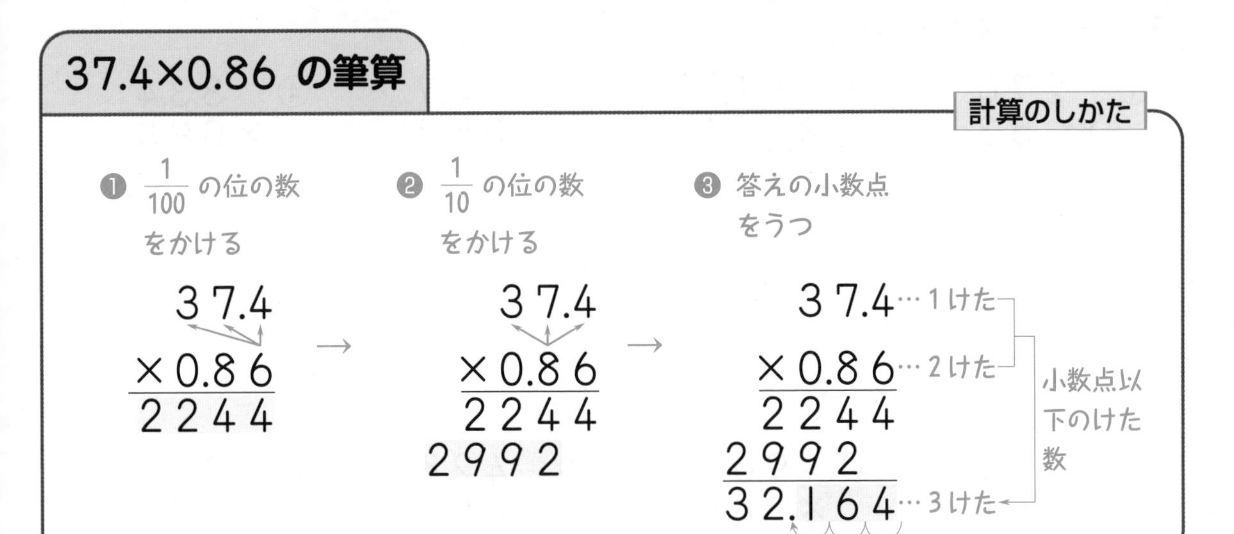

□をうめて，計算のしかたを覚えよう。

❶ かける数の $\frac{1}{100}$ の位の数①□を 374 にかけると，

374×①□=②□ になります。

❷ かける数の $\frac{1}{10}$ の位の数③□を 374 にかけると，

374×③□=④□ になります。

❸ ②□+④□×10=⑤□ になりますが，37.4 は小数点が右から左へ⑥□つ目，0.86 は小数点が右から左へ⑦□つ目にあるので，答えには，⑤□の右から左へ⑧□つ目の2と1の間に小数点をうちます。

答えは，37.4×0.86=⑨□

覚えよう

(小数)×(小数) の筆算は，小数点がないものとして計算します。積の小数点から下のけた数は，かけられる数とかける数の小数点から下のけた数の和にします。例えば，37.4×0.86 のときは，(1 けた)+(2 けた)=(3 けた) と考えます。

計算してみよう

時間 20分【はやい15分・おそい25分】
合格 13個
正答 ／16個

1 かけ算をしなさい。

① $\begin{array}{r} 27.6 \\ \times\ 5.3 \\ \hline \end{array}$
② $\begin{array}{r} 61.8 \\ \times\ 3.6 \\ \hline \end{array}$
③ $\begin{array}{r} 54.7 \\ \times 0.59 \\ \hline \end{array}$
④ $\begin{array}{r} 33.4 \\ \times 0.98 \\ \hline \end{array}$

⑤ $\begin{array}{r} 7.23 \\ \times\ 4.1 \\ \hline \end{array}$
⑥ $\begin{array}{r} 9.65 \\ \times\ 8.6 \\ \hline \end{array}$
⑦ $\begin{array}{r} 4.28 \\ \times 0.53 \\ \hline \end{array}$
⑧ $\begin{array}{r} 8.35 \\ \times 0.92 \\ \hline \end{array}$

⑨ $\begin{array}{r} 5.49 \\ \times 0.072 \\ \hline \end{array}$
⑩ $\begin{array}{r} 0.283 \\ \times\ 4.2 \\ \hline \end{array}$
⑪ $\begin{array}{r} 0.934 \\ \times\ 0.66 \\ \hline \end{array}$
★⑫ $\begin{array}{r} 2.9 \\ \times 34.6 \\ \hline \end{array}$

⑬ $\begin{array}{r} 0.58 \\ \times 47.9 \\ \hline \end{array}$
⑭ $\begin{array}{r} 7.9 \\ \times 6.07 \\ \hline \end{array}$
⑮ $\begin{array}{r} 0.89 \\ \times 6.43 \\ \hline \end{array}$
⑯ $\begin{array}{r} 0.65 \\ \times 0.827 \\ \hline \end{array}$

復習テスト(7)

月	日

時間 20分【はやい15分・おそい25分】
合格 80点
得点　　点

1 かけ算をしなさい。（①～⑫1つ6点，⑬～⑯1つ7点）

① $\begin{array}{r} 4.8 \\ \times\ 5.7 \\ \hline \end{array}$

② $\begin{array}{r} 2.6 \\ \times\ 8.2 \\ \hline \end{array}$

③ $\begin{array}{r} 0.86 \\ \times\ \ 9.3 \\ \hline \end{array}$

④ $\begin{array}{r} 0.17 \\ \times\ \ 6.7 \\ \hline \end{array}$

⑤ $\begin{array}{r} 4.9 \\ \times\ 0.68 \\ \hline \end{array}$

⑥ $\begin{array}{r} 5.9 \\ \times\ 0.36 \\ \hline \end{array}$

⑦ $\begin{array}{r} 16.8 \\ \times\ \ 6.2 \\ \hline \end{array}$

⑧ $\begin{array}{r} 73.7 \\ \times\ \ 8.4 \\ \hline \end{array}$

⑨ $\begin{array}{r} 63.4 \\ \times\ 0.43 \\ \hline \end{array}$

⑩ $\begin{array}{r} 80.7 \\ \times\ 0.55 \\ \hline \end{array}$

⑪ $\begin{array}{r} 3.26 \\ \times\ \ 5.9 \\ \hline \end{array}$

⑫ $\begin{array}{r} 5.88 \\ \times\ \ 6.7 \\ \hline \end{array}$

⑬ $\begin{array}{r} 4.55 \\ \times\ 0.98 \\ \hline \end{array}$

⑭ $\begin{array}{r} 7.61 \\ \times\ 0.74 \\ \hline \end{array}$

⑮ $\begin{array}{r} 0.575 \\ \times\ \ \ 8.2 \\ \hline \end{array}$

⑯ $\begin{array}{r} 0.936 \\ \times\ \ \ 2.7 \\ \hline \end{array}$

復習テスト(8)

時間 20分【はやい15分・おそい25分】
合格 80点
得点 点

1 かけ算をしなさい。(1つ6点)

① $\begin{array}{r} 3.9 \\ \times\ 8.6 \\ \hline \end{array}$　② $\begin{array}{r} 0.52 \\ \times\ 7.3 \\ \hline \end{array}$　③ $\begin{array}{r} 9.4 \\ \times\ 0.68 \\ \hline \end{array}$　④ $\begin{array}{r} 37.4 \\ \times\ 8.2 \\ \hline \end{array}$

⑤ $\begin{array}{r} 6.7 \\ \times\ 72.6 \\ \hline \end{array}$　⑥ $\begin{array}{r} 0.49 \\ \times\ 92.3 \\ \hline \end{array}$　⑦ $\begin{array}{r} 6.35 \\ \times\ 0.77 \\ \hline \end{array}$　⑧ $\begin{array}{r} 0.436 \\ \times\ 2.8 \\ \hline \end{array}$

⑨ $\begin{array}{r} 9.5 \\ \times\ 0.768 \\ \hline \end{array}$　⑩ $\begin{array}{r} 0.508 \\ \times\ 0.83 \\ \hline \end{array}$　⑪ $\begin{array}{r} 0.74 \\ \times\ 0.997 \\ \hline \end{array}$　⑫ $\begin{array}{r} 0.746 \\ \times\ 0.079 \\ \hline \end{array}$

2 かけ算をしなさい。(1つ7点)

① $\begin{array}{r} 14.6 \\ \times\ 28.7 \\ \hline \end{array}$　② $\begin{array}{r} 4.82 \\ \times\ 56.7 \\ \hline \end{array}$　③ $\begin{array}{r} 0.528 \\ \times\ 49.7 \\ \hline \end{array}$　④ $\begin{array}{r} 0.385 \\ \times\ 0.684 \\ \hline \end{array}$

16日 まとめテスト (3)

月　日

時間 25分 【はやい20分・おそい30分】
合格 80点
得点　　点

1 かけ算をしなさい。(1つ5点)

① $\begin{array}{r} 213 \\ \times 0.12 \\ \hline \end{array}$

② $\begin{array}{r} 304 \\ \times 0.23 \\ \hline \end{array}$

③ $\begin{array}{r} 571 \\ \times 0.84 \\ \hline \end{array}$

④ $\begin{array}{r} 965 \\ \times 0.079 \\ \hline \end{array}$

⑤ $\begin{array}{r} 28 \\ \times 0.163 \\ \hline \end{array}$

⑥ $\begin{array}{r} 752 \\ \times 5.64 \\ \hline \end{array}$

2 かけ算をしなさい。(1つ7点)

① 0.3×0.2

② 0.05×0.9

③ 0.4×0.05

④ 0.06×0.06

⑤ $\begin{array}{r} 8.3 \\ \times 6.5 \\ \hline \end{array}$

⑥ $\begin{array}{r} 0.36 \\ \times \quad 4.9 \\ \hline \end{array}$

⑦ $\begin{array}{r} 35.1 \\ \times \quad 2.7 \\ \hline \end{array}$

⑧ $\begin{array}{r} 4.62 \\ \times \quad 7.2 \\ \hline \end{array}$

⑨ $\begin{array}{r} 5.08 \\ \times 0.063 \\ \hline \end{array}$

⑩ $\begin{array}{r} 0.97 \\ \times 32.6 \\ \hline \end{array}$

まとめテスト(4)

時間 25分 【はやい20分・おそい30分】
合格 80点
得点  点

1 かけ算をしなさい。(1つ5点)

① $\begin{array}{r} 142 \\ \times 0.33 \\ \hline \end{array}$

② $\begin{array}{r} 223 \\ \times 0.42 \\ \hline \end{array}$

③ $\begin{array}{r} 795 \\ \times 0.083 \\ \hline \end{array}$

④ $\begin{array}{r} 876 \\ \times 0.93 \\ \hline \end{array}$

⑤ $\begin{array}{r} 54 \\ \times 0.678 \\ \hline \end{array}$

⑥ $\begin{array}{r} 947 \\ \times 0.576 \\ \hline \end{array}$

2 かけ算をしなさい。(1つ7点)

① 0.8×0.4

② 0.03×0.3

③ 0.7×0.09

④ 0.07×0.08

⑤ $\begin{array}{r} 2.7 \\ \times 3.8 \\ \hline \end{array}$

⑥ $\begin{array}{r} 9.6 \\ \times 0.57 \\ \hline \end{array}$

⑦ $\begin{array}{r} 41.3 \\ \times 0.62 \\ \hline \end{array}$

⑧ $\begin{array}{r} 5.84 \\ \times 0.49 \\ \hline \end{array}$

⑨ $\begin{array}{r} 0.765 \\ \times 8.2 \\ \hline \end{array}$

⑩ $\begin{array}{r} 0.84 \\ \times 0.927 \\ \hline \end{array}$

17日 (整数)÷(小数) (1)

2÷0.4，28÷0.7 の計算

計算のしかた

❶ $2 \div 0.4$
$= (2 \times 10) \div (0.4 \times 10)$ わる数を整数に直す
$= 20 \div 4$
$= 5$

❷ $28 \div 0.7$
$= (28 \times 10) \div (0.7 \times 10)$ わる数を整数に直す
$= 280 \div 7$
$= 40$

□をうめて，計算のしかたを覚えよう。

❶ 2÷0.4 は，わる数とわられる数の両方に ① □ をかけて，わる数を整数に直し，② □ ÷ ③ □ の式にしてから計算します。
答えは，2÷0.4= ④ □

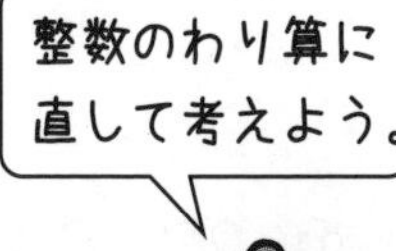

❷ 28÷0.7 は，わる数とわられる数の両方に ⑤ □ をかけて，わる数を整数に直し，⑥ □ ÷ ⑦ □ の式にしてから計算します。
答えは，28÷0.7= ⑧ □

覚えよう

・わり算では，わる数とわられる数の両方に同じ数をかけても答えは変わりません。
・小数でわる計算では，わる数とわられる数の両方に同じ数をかけて，わる数を整数に直して計算します。

計算してみよう

時間 20分【はやい15分・おそい25分】
合格 16個
正答 ／20個

1 わり算をしなさい。

① 1÷0.2

② 3÷0.5

③ 8÷0.4

④ 4÷0.2

⑤ 48÷0.6

⑥ 16÷0.8

⑦ 25÷0.5

⑧ 36÷0.9

⑨ 63÷0.7

⑩ 21÷0.3

⑪ 27÷0.9

⑫ 64÷0.8

⑬ 16÷0.4

⑭ 42÷0.6

⑮ 280÷0.4

⑯ 350÷0.7

⑰ 180÷0.6

⑱ 720÷0.9

⑲ 140÷0.2

⑳ 150÷0.3

月　日

(整数)÷(小数) (2)

5÷0.01，12÷0.04 の計算

計算のしかた

❶ $5 \div 0.01$
$=(5 \times 100) \div (0.01 \times 100)$　わる数を整数に直す
$=500 \div 1$
$=500$

❷ $12 \div 0.04$
$=(12 \times 100) \div (0.04 \times 100)$　わる数を整数に直す
$=1200 \div 4$
$=300$

□をうめて，計算のしかたを覚えよう。

❶ 5÷0.01 は，わる数とわられる数の両方に［①　］をかけて，わる数を整数に直し，［②　］÷［③　］の式にしてから計算します。
答えは，5÷0.01=［④　］

❷ 12÷0.04 は，わる数とわられる数の両方に［⑤　］をかけて，わる数を整数に直し，［⑥　］÷［⑦　］の式にしてから計算します。
答えは，12÷0.04=［⑧　］

覚えよう　$\frac{1}{100}$ の位までの小数でわる計算は，わる数とわられる数の両方に 100 をかけて，わる数を整数に直して計算します。

計算してみよう

時間 20分【はやい15分・おそい25分】
合格 16個
正答  ／20個

1 わり算をしなさい。

① $7 \div 0.01$

② $2 \div 0.01$

③ $3 \div 0.06$

④ $4 \div 0.05$

⑤ $24 \div 0.04$

⑥ $56 \div 0.07$

⑦ $36 \div 0.09$

⑧ $12 \div 0.02$

⑨ $32 \div 0.08$

⑩ $14 \div 0.07$

⑪ $15 \div 0.03$

⑫ $36 \div 0.04$

⑬ $18 \div 0.06$

⑭ $56 \div 0.08$

⑮ $420 \div 0.07$

⑯ $180 \div 0.02$

⑰ $720 \div 0.09$

⑱ $150 \div 0.05$

⑲ $240 \div 0.03$

⑳ $160 \div 0.08$

復習テスト(9)

月　日

時間 20分【はやい15分・おそい25分】
合格 80点
得点　点

1 わり算をしなさい。(1つ5点)

① 8÷0.1

② 4÷0.5

③ 14÷0.7

④ 24÷0.3

⑤ 54÷0.6

⑥ 48÷0.8

⑦ 81÷0.9

⑧ 32÷0.4

⑨ 240÷0.8

⑩ 420÷0.7

⑪ 9÷0.01

⑫ 3÷0.05

⑬ 16÷0.04

⑭ 48÷0.06

⑮ 72÷0.08

⑯ 21÷0.03

⑰ 49÷0.07

⑱ 54÷0.09

⑲ 240÷0.06

⑳ 640÷0.08

復習テスト(10)

時間 20分 【はやい15分・おそい25分】
合格 80点
得点 点

1 わり算をしなさい。(1つ5点)

① $2 \div 0.5$
② $3 \div 0.6$
③ $24 \div 0.6$
④ $56 \div 0.7$
⑤ $450 \div 0.9$
⑥ $360 \div 0.4$
⑦ $4 \div 0.01$
⑧ $14 \div 0.02$
⑨ $35 \div 0.07$
⑩ $48 \div 0.08$
⑪ $9 \div 0.03$
⑫ $45 \div 0.05$
⑬ $630 \div 0.09$
⑭ $320 \div 0.04$

★**2** わり算をしなさい。(1つ5点)

① $16 \div 0.004$
② $63 \div 0.007$
③ $36 \div 0.009$
④ $54 \div 0.006$
⑤ $150 \div 0.003$
⑥ $5600 \div 0.008$

(小数)÷(小数)

2.4÷0.4，0.56÷0.08 の計算

計算のしかた

❶ $2.4 \div 0.4$
$= (2.4 \times 10) \div (0.4 \times 10)$ ← わる数を整数に直す
$= 24 \div 4$
$= 6$

❷ $0.56 \div 0.08$
$= (0.56 \times 100) \div (0.08 \times 100)$ ← わる数を整数に直す
$= 56 \div 8$
$= 7$

□をうめて，計算のしかたを覚えよう。

❶ 2.4÷0.4 は，わる数とわられる数の両方に ① □ をかけて，わる数を整数に直し，② □ ÷ ③ □ の式にしてから計算します。
答えは，2.4÷0.4= ④ □

❷ 0.56÷0.08 は，わる数とわられる数の両方に ⑤ □ をかけて，わる数を整数に直し，⑥ □ ÷ ⑦ □ にしてから計算します。
答えは，0.56÷0.08= ⑧ □

覚えよう

小数のわり算で，わる数が $\frac{1}{10}$ の位までの小数のときは，わる数とわられる数の両方に 10 をかけ，わる数が $\frac{1}{100}$ の位までの小数のときは，わる数とわられる数の両方に 100 をかけて，わる数を整数に直して計算します。

計算してみよう

時間 20分 【はやい15分・おそい25分】
合格 16個
正答 /20個

1 わり算をしなさい。

① 1.2÷0.2

② 4.2÷0.6

③ 2.4÷0.8

④ 3.6÷0.4

⑤ 7.2÷0.9

⑥ 2.1÷0.3

⑦ 0.08÷0.04

⑧ 0.06÷0.02

⑨ 3.5÷0.05

⑩ 2.4÷0.06

⑪ 6.4÷0.08

⑫ 1.2÷0.03

⑬ 0.08÷0.1

⑭ 0.16÷0.4

⑮ 0.21÷0.7

⑯ 0.25÷0.5

⑰ 0.3÷0.5

⑱ 0.2÷0.4

⑲ 0.16÷0.02

⑳ 0.48÷0.06

(整数)÷(小数) の筆算

36÷4.5，39÷0.75 の筆算

計算のしかた

❶ わる数を整数に直す　　360÷45 の計算をする

$4.5\overline{)36.0}$ → $360 \div 45$: 商 8，360，0

❷ わる数を整数に直す　　390÷75 の計算をする　　150÷75 の計算をする

$0.75\overline{)39.00}$ → 商 5，375，15 → 商 52，375，150，150，0

□をうめて，計算のしかたを覚えよう。

❶ 36÷4.5 の筆算は，わる数もわられる数も ① 倍して，わる数とわられる数の小数点を ② けた右へ移し，わる数を整数に直して，

③ ÷ ④ の式にしてから計算します。

答えは，36÷4.5= ⑤

❷ 39÷0.75 の筆算は，わる数もわられる数も ⑥ 倍して，わる数とわられる数の小数点を ⑦ けた右へ移し，わる数を整数に直して，

⑧ ÷ ⑨ の式にしてから計算します。

答えは，39÷0.75= ⑩

覚えよう　小数でわる筆算では，わる数とわられる数の小数点を同じけた数だけ右に移し，わる数を整数に直してから計算します。商の小数点は，わられる数の右に移した小数点の位置にそろえてうちます。

計算してみよう

時間 20分【はやい15分・おそい25分】
合格 12個
正答 ／15個

1 わり算をしなさい。

① $3.6\overline{)18}$

② $2.5\overline{)20}$

③ $8.5\overline{)51}$

④ $1.7\overline{)153}$

⑤ $7.9\overline{)395}$

★⑥ $3.25\overline{)156}$

★⑦ $7.75\overline{)248}$

★⑧ $1.64\overline{)123}$

★⑨ $5.36\overline{)134}$

⑩ $0.8\overline{)12}$

⑪ $0.5\overline{)47}$

⑫ $0.6\overline{)27}$

⑬ $0.75\overline{)9}$

⑭ $0.25\overline{)70}$

⑮ $0.38\overline{)19}$

22日

復習テスト(11)

月　日

時間 20分【はやい15分・おそい25分】

合格 80点

得点　点

1 わり算をしなさい。（①②1つ5点，③～⑧1つ6点）

① $1.8 \div 0.6$

② $4.8 \div 0.8$

③ $0.06 \div 0.1$

④ $0.28 \div 0.4$

⑤ $1.4 \div 0.02$

⑥ $1.2 \div 0.06$

⑦ $0.24 \div 0.03$

⑧ $0.54 \div 0.09$

2 わり算をしなさい。（1つ6点）

① 5.6) 28

② 9.7) 679

★③ 8.25) 429

★④ 3.48) 87

⑤ 0.5) 34

⑥ 0.8) 36

⑦ 0.75) 27

⑧ 0.48) 36

⑨ 0.64) 32

復習テスト(12)

時間 20分 【はやい15分・おそい25分】　合格 80点　得点 点

1 わり算をしなさい。（①～⑧1つ5点，⑨6点）

① $3.6 \div 0.6$

② $0.02 \div 0.1$

③ $0.49 \div 0.7$

④ $3.6 \div 0.09$

⑤ $1.2 \div 0.04$

⑥ $0.18 \div 0.02$

★⑦ $2.7 \div 0.009$

★⑧ $0.45 \div 0.005$

★⑨ $0.042 \div 0.007$

2 わり算をしなさい。（1つ6点）

① $7.5 \overline{)45}$

② $5.4 \overline{)324}$

★③ $4.75 \overline{)437}$

④ $0.8 \overline{)28}$

⑤ $0.4 \overline{)34}$

⑥ $0.25 \overline{)14}$

⑦ $0.76 \overline{)38}$

⑧ $0.68 \overline{)51}$

★⑨ $7.465 \overline{)5972}$

まとめテスト(5)

月　日

時間 25分【はやい20分・おそい30分】
合格 80点
得点　点

1 わり算をしなさい。(1つ6点)

① $6 \div 0.3$　② $21 \div 0.7$

③ $200 \div 0.4$　④ $8 \div 0.02$

⑤ $45 \div 0.09$　⑥ $540 \div 0.06$

⑦ $3.2 \div 0.8$　⑧ $1.8 \div 0.06$

⑨ $0.07 \div 0.1$　⑩ $0.64 \div 0.08$

2 わり算をしなさい。(①②1つ6点，③～⑥1つ7点)

① $0.8\overline{)20}$　② $3.1\overline{)837}$　★③ $1.35\overline{)162}$

④ $0.3\overline{)51}$　⑤ $0.12\overline{)9}$　⑥ $0.27\overline{)459}$

まとめテスト(6)

時間 25分【はやい20分・おそい30分】 合格 80点 得点 点

1 わり算をしなさい。(1つ6点)

① $1 \div 0.5$

② $72 \div 0.9$

③ $280 \div 0.7$

④ $3 \div 0.03$

⑤ $21 \div 0.03$

⑥ $450 \div 0.09$

⑦ $2.8 \div 0.4$

⑧ $0.02 \div 0.02$

⑨ $0.72 \div 0.8$

⑩ $0.4 \div 0.8$

2 わり算をしなさい。(①②1つ6点, ③～⑥1つ7点)

① $3.2 \overline{)\,80}$

② $1.7 \overline{)\,221}$

★③ $7.25 \overline{)\,928}$

④ $0.5 \overline{)\,16}$

⑤ $0.75 \overline{)\,6}$

⑥ $0.13 \overline{)\,65}$

月　日

(小数)÷(小数) の筆算

12.6÷1.8，24.3÷0.54 の筆算

計算のしかた

❶ わる数を整数に直す　　126÷18 の計算をする

```
1.8)12.6   →        7
               1.8)12.6
                   126
                     0
```

❷ わる数を整数に直す　　243÷54 の計算をする　　270÷54 の計算をする

```
0.54)24.30  →          4     →           45
              0.54)24.30       0.54)24.30
                   216              216
                    27               270
                                     270
                                       0
```

□をうめて，計算のしかたを覚えよう。

❶ 12.6÷1.8 の筆算は，わる数もわられる数も①□倍して，わる数とわられる数の小数点を②□けた右へ移（うつ）し，わる数を整数に直して，

③□÷④□ の式にしてから計算します。

答えは，12.6÷1.8=⑤□

❷ 24.3÷0.54 の筆算は，わる数もわられる数も⑥□倍して，わる数とわられる数の小数点を⑦□けた右へ移し，わる数を整数に直して，

⑧□÷⑨□ の式にしてから計算します。

答えは，24.3÷0.54=⑩□

覚えよう　小数でわる筆算では，わる数とわられる数の小数点を同じけた数だけ右に移し，わる数を整数に直してから計算します。商の小数点は，わられる数の右に移した小数点の位置にそろえてうちます。

計算してみよう

時間 20分【はやい15分・おそい25分】
合格 9個
正答 ／12個

1 わり算をしなさい。

① $1.6\overline{)12.8}$

② $4.7\overline{)42.3}$

③ $8.3\overline{)49.8}$

④ $0.4\overline{)20.8}$

⑤ $0.9\overline{)33.3}$

⑥ $0.6\overline{)49.2}$

⑦ $1.8\overline{)0.72}$

⑧ $7.3\overline{)6.57}$

⑨ $9.2\overline{)7.36}$

★⑩ $8.7\overline{)41.76}$

⑪ $2.8\overline{)0.728}$

★⑫ $7.9\overline{)6.399}$

わり切れるまで計算する小数のわり算

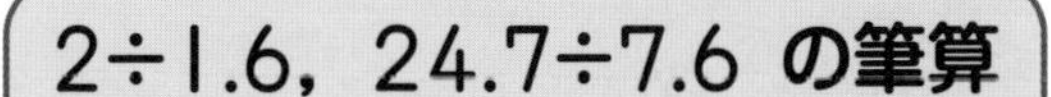

2÷1.6，24.7÷7.6 の筆算

計算のしかた

❶ 20÷16 の計算をする

```
      1.25
1.6)2.0
     16
      40
      32
       80
       80
        0
```

0 をつけたす

❷ 247÷76 の計算をする

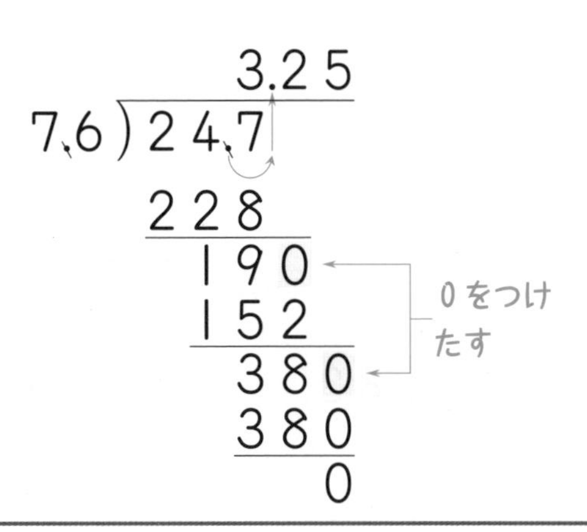

□をうめて，計算のしかたを覚えよう。

❶ 2÷1.6 の計算をわり切れるまでするときは，それぞれの位で余(あま)りの右に[①]をつけたしていきます。まず，わる数とわられる数の小数点を[②]けた右へ移(うつ)し，わる数を整数に直して，[③]÷[④]=[⑤] 余り[⑥]の計算をします。次に，余りの[⑥]に[①]をつけたして[⑦]として，[⑦]÷[④]=[⑧]余り[⑨]の計算をします。さらに，余りの[⑨]に[①]をつけたして[⑩]として，[⑩]÷[④]=[⑪] の計算をします。商の小数点は，わられる数の右に移した小数点の位置と同じところにうちます。

答えは，2÷1.6=[⑫]

❷ 24.7÷7.6 の計算も，2÷1.6 の計算と同じようにします。

答えは，24.7÷7.6=[⑬]

覚えよう わり切れるまで計算するときは，余りの右に 0 をつけたしていきます。商の小数点は，わられる数の右に移した小数点の位置にそろえてうちます。

計算してみよう

時間 20分【はやい15分・おそい25分】
合格 9個
正答 ／12個

1 わり切れるまで計算しなさい。

① 0.4) 0.21

② 0.8) 3

③ 0.4) 0.45

④ 2.8) 1.82

★⑤ 7.6) 15.58

★⑥ 4.5) 33.57

⑦ 8.8) 59.4

★⑧ 7.2) 38.52

⑨ 2.5) 4.4

★⑩ 0.85) 1.054

⑪ 0.76) 2.85

⑫ 0.35) 0.224

26日

復習テスト(13)

月　日

時間 20分 【はやい15分・おそい25分】

合格 80点

得点　点

1 わり算をしなさい。(1つ8点)

① $6.8\overline{)54.4}$

② $7.2\overline{)43.2}$

③ $0.9\overline{)78.3}$

④ $5.4\overline{)3.78}$

★⑤ $4.7\overline{)10.81}$

★⑥ $0.36\overline{)19.44}$

2 わり切れるまで計算しなさい。(①②1つ8点，③〜⑥1つ9点)

① $0.4\overline{)1.37}$

② $1.2\overline{)6.3}$

★③ $6.5\overline{)18.46}$

④ $7.5\overline{)56.1}$

⑤ $0.25\overline{)0.16}$

★⑥ $0.95\overline{)5.776}$

復習テスト(14)

時間 20分【はやい15分・おそい25分】
合格 80点
得点　　点

1 わり算をしなさい。(1つ8点)

① $3.6\overline{)28.8}$

② $0.8\overline{)33.6}$

③ $0.3\overline{)28.8}$

④ $6.9\overline{)4.83}$

★⑤ $9.4\overline{)68.62}$

⑥ $4.8\overline{)0.912}$

2 わり切れるまで計算しなさい。(①②1つ8点，③～⑥1つ9点)

① $0.8\overline{)0.58}$

② $3.6\overline{)6.66}$

③ $7.5\overline{)66.3}$

★④ $0.84\overline{)23.94}$

⑤ $0.25\overline{)1.69}$

★⑥ $0.125\overline{)7.8}$

商をがい数で表す小数のわり算

208÷7.8（商を一の位までのがい数で表す）
3.4÷5.9（商を上から2けたのがい数で表す） ｝**の筆算**

計算のしかた

❶ $\frac{1}{10}$ の位まで計算する

```
          7
        26.6   ←1/10 の位を四捨五入する
7.8)208.0
    156
     520
     468
      520
      468
```

❷ 上から3けた目まで計算する

```
          8
       0.576   ←上から3けた目を四捨五入する
5.9)3.40
    295
     450
     413
      370
      354
```

□をうめて，計算のしかたを覚えよう。

❶ 208÷7.8 の計算で，商を一の位までのがい数で表すには，商の ① ___ の位の数を四捨五入（ししゃごにゅう）します。

答えは，208÷7.8= ② ___ … より，③ ___

❷ 3.4÷5.9 の計算で，商を上から2けたのがい数で表すには，商の上から ④ ___ けた目を四捨五入します。

答えは，3.4÷5.9= ⑤ ___ … より，⑥ ___

覚えよう

・商を一の位までのがい数で表すには，$\frac{1}{10}$ の位を四捨五入します。

・商を上から2けたのがい数で表すには，上から3けた目を四捨五入します。

計算してみよう

時間 20分【はやい15分・おそい25分】 正答 合格 9個 ／12個

1 商を一の位までのがい数で表しなさい。

① $4.9\overline{)57}$　② $9.7\overline{)108}$　③ $0.6\overline{)79}$

④ $0.3\overline{)100}$　⑤ $8.6\overline{)37.2}$　⑥ $7.1\overline{)94.3}$

2 商を $\frac{1}{10}$ の位までのがい数で表しなさい。

① $0.7\overline{)53}$　② $4.3\overline{)7.34}$　③ $9.7\overline{)190}$

3 商を上から2けたのがい数で表しなさい。

① $3.7\overline{)2.9}$　② $0.9\overline{)13.2}$　③ $0.19\overline{)0.91}$

月　日

余りも出す小数のわり算

18.2÷1.9（商は一の位まで求め，余(あま)りも出す）
9.3÷0.55（商は $\frac{1}{10}$ の位まで求め，余りも出す）
の筆算

計算のしかた

❶ 余りの小数点は，わられる数のもとの小数点の位置にそろえてうつ

```
         9   ←商
1.9 ) 18.2
      17 1
       1.1  ←余り
```

（確(たし)かめ算）

1.9×9＋1.1＝18.2

❷ 余りの小数点は，わられる数のもとの小数点の位置にそろえてうつ

```
           16.9   ←商
0.55 ) 9.30
         55
         380
         330
          500
          495
        0.005   ←余り
```

（確かめ算）

0.55×16.9＋0.005＝9.3

□をうめて，計算のしかたを覚えよう。

❶ 18.2÷1.9 の計算で，商は 182÷① より，② で，余りは 18.2−1.9×② より，③ になります。

答えは，18.2÷1.9＝② 余り ③

❷ 9.3÷0.55 の計算で，商は 930÷④ より，⑤ で，余(あま)りは 9.3−0.55×⑤ より，⑥ になります。

答えは，9.3÷0.55＝⑤ 余り ⑥

覚えよう 商の小数点はわられる数の右に移(うつ)った小数点の位置にそろえてうち，余りの小数点の位置はわられる数のもとの小数点の位置にそろえてうちます。

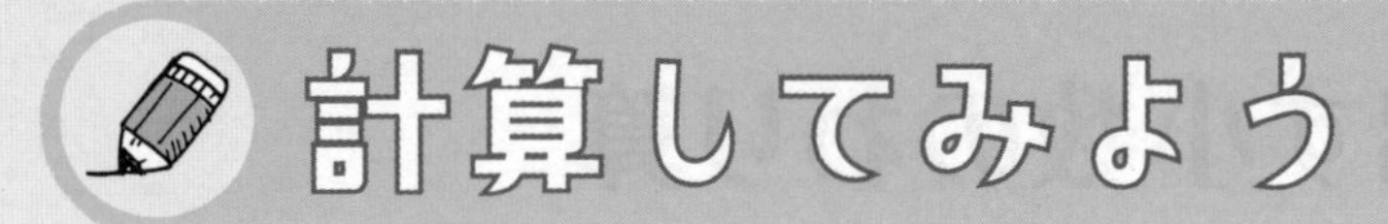

時間 20分【はやい15分・おそい25分】　合格 9個　正答 ／12個

1 商は一の位まで求め，余(あま)りも出しなさい。

① 0.9) 1.3

② 1.4) 9

③ 3.7) 12.4

④ 7.9) 70

⑤ 0.86) 2.48

★⑥ 1.95) 7.29

2 商は $\frac{1}{10}$ の位まで求め，余りも出しなさい。

① 0.29) 7.6

② 4.6) 5.2

③ 0.63) 10.4

④ 7.1) 6.5

⑤ 8.6) 14.6

★⑥ 2.08) 8.6

29日

復習テスト(15)

月　日

時間 20分【はやい15分・おそい25分】　得点

合格 80点　点

1 商を一の位までのがい数で表しなさい。(1つ6点)

① $0.7\overline{)3.9}$　② $0.9\overline{)51}$　③ $2.3\overline{)16.2}$

④ $5.3\overline{)63.2}$　⑤ $9.4\overline{)853}$　⑥ $4.5\overline{)605}$

2 商を上から2けたのがい数で表しなさい。(1つ6点)

① $0.3\overline{)0.2}$　② $6.5\overline{)13.1}$　③ $7.8\overline{)50}$

3 商は一の位まで求め，余(あま)りも出しなさい。(①②1つ7点，③〜⑥1つ8点)

① $0.6\overline{)0.8}$　② $0.9\overline{)3.4}$　③ $0.32\overline{)1.03}$

④ $0.57\overline{)5.81}$　⑤ $1.8\overline{)43}$　★⑥ $9.14\overline{)900}$

復習テスト(16)

時間 20分【はやい15分・おそい25分】
合格 80点
得点　　点

1 商を $\frac{1}{10}$ の位までのがい数で表しなさい。(①②1つ7点，③～⑥1つ8点)

① $0.6\overline{)0.5}$

② $0.42\overline{)0.85}$

③ $6.3\overline{)10.4}$

④ $3.8\overline{)51}$

⑤ $5.7\overline{)238}$

★⑥ $7.26\overline{)801.9}$

2 商を上から2けたのがい数で表しなさい。(1つ9点)

① $0.52\overline{)7.6}$

★② $1.59\overline{)7.02}$

③ $3.6\overline{)2.5}$

3 商は $\frac{1}{10}$ の位まで求め，余(あま)りも出しなさい。(1つ9点)

① $0.52\overline{)0.83}$

② $3.6\overline{)45.1}$

★③ $8.73\overline{)78.6}$

まとめテスト(7)

月　日

時間 25分 【はやい20分・おそい30分】
合格 80点
得点　　点

1 わり算をしなさい。(①②1つ7点，③〜⑥1つ8点)

① $3.4 \overline{)27.2}$

② $7.2 \overline{)57.6}$

③ $0.4 \overline{)22.4}$

④ $0.9 \overline{)80.1}$

⑤ $5.6 \overline{)3.36}$

★⑥ $0.46 \overline{)34.96}$

2 わり切れるまで計算しなさい。(1つ9点)

★① $8200 \overline{)59860}$

★② $7.8 \overline{)2.847}$

③ $2.6 \overline{)7.15}$

3 わり算をして，(　)の中のように答えを出しなさい。(1つ9点)

① (一の位までのがい数)

$1.8 \overline{)3.4}$

② $\left(\frac{1}{10}\right.$ の位までのがい数$\left.\right)$

$7.3 \overline{)68}$

③ $\left(\right.$商は $\frac{1}{10}$ の位まで，余(あま)りも出す$\left.\right)$

$4.6 \overline{)8.2}$

まとめテスト(8)

時間 25分 【はやい20分・おそい30分】
合格 80点
得点 点

1 わり切れるまで計算しなさい。(①～⑧1つ8点，⑨9点)

① $0.8\overline{)51.2}$

★② $3.84\overline{)288}$

③ $5.4\overline{)9.72}$

★④ $6.5\overline{)17.81}$

⑤ $0.25\overline{)0.21}$

⑥ $0.96\overline{)81.6}$

⑦ $0.8\overline{)1.94}$

⑧ $0.75\overline{)3.69}$

★⑨ $5.36\overline{)40.87}$

2 わり算をして，(　)の中のように答えを出しなさい。(1つ9点)

① (上から2けたのがい数)

$0.56\overline{)0.48}$

② (商は一の位まで，余(あま)りも出す)

$4.6\overline{)52.8}$

③ (商は $\frac{1}{10}$ の位まで，余りも出す)

$8.7\overline{)10.4}$

進級テスト (1)

月　日

時間 40分
【はやい35分・おそい45分】
合格 80点
得点
点

1 計算をしなさい。(1つ2点)

① 3×0.9

② 700×0.008

③ 0.5×0.6

④ 0.06×0.4

⑤ 0.09×0.08

⑥ $5\div0.1$

⑦ $30\div0.6$

⑧ $720\div0.8$

⑨ $8\div0.01$

⑩ $35\div0.05$

★⑪ $810\div0.009$

⑫ $0.09\div0.1$

⑬ $2.8\div0.07$

★⑭ $0.04\div0.008$

2 かけ算をしなさい。(1つ3点)

① 0.67×8400

② 39×58.3

③ 86×0.95

④ 595×0.074

⑤ 8.7×8.6

⑥ 6.8×0.72

⑦ 4.03×0.57

⑧ 7.98×8.79

3 わり算をしなさい。(1つ4点)

① $700\overline{)64400}$

② $0.52\overline{)13}$

★③ $6.4\overline{)17.92}$

4 わり切れるまで計算しなさい。(1つ4点)

① $0.4\overline{)1.75}$

② $0.75\overline{)4.38}$

③ $5.6\overline{)18.2}$

5 商を(　)の中までのがい数で表しなさい。(1つ4点)

① (一の位)

$0.7\overline{)45.1}$

② $\left(\frac{1}{10}\text{の位}\right)$

$8.5\overline{)9.6}$

③ (上から2けた)

$0.68\overline{)0.494}$

6 商は(　)の中の位まで求め，余(あま)りも出しなさい。(1つ4点)

① (一の位)

$0.9\overline{)1.4}$

② (一の位)

$6.8\overline{)73.9}$

③ $\left(\frac{1}{10}\text{の位}\right)$

$0.83\overline{)4.7}$

進級テスト(2)

月　日

時間 40分【はやい35分・おそい45分】　得点　点

合格 80点

1 計算をしなさい。（1つ2点）

① 60×0.4

② 5×0.007

③ 0.03×0.9

④ 0.8×0.02

⑤ 0.06×0.05

⑥ 6÷0.2

⑦ 35÷0.7

⑧ 560÷0.8

⑨ 6÷0.03

⑩ 40÷0.05

★⑪ 630÷0.007

⑫ 1.4÷0.2

⑬ 4.8÷0.08

⑭ 0.4÷0.5

2 かけ算をしなさい。（1つ3点）

① 8.9 × 740

② 64 × 0.9

③ 273 × 0.51

④ 29 × 0.485

⑤ 3.6 × 4.8

⑥ 5.7 × 0.66

⑦ 6.04 × 8.2

⑧ 0.49 × 0.915

3 わり算をしなさい。(1つ4点)

① $720 \overline{)93600}$

② $0.15 \overline{)9}$

③ $1.3 \overline{)5.2}$

4 わり切れるまで計算しなさい。(1つ4点)

① $2.4 \overline{)1.5}$

② $7.6 \overline{)28.5}$

③ $9.6 \overline{)0.9}$

5 商を(　)の中までのがい数で表しなさい。(1つ4点)

① (一の位)

$5.2 \overline{)191}$

★② $\left(\frac{1}{10}\text{の位}\right)$

$41.8 \overline{)35.76}$

③ (上から2けた)

$0.3 \overline{)52.4}$

6 商は(　)の中の位まで求め，余(あま)りも出しなさい。(1つ4点)

① (一の位)

$0.26 \overline{)0.72}$

② (一の位)

$1.5 \overline{)8.4}$

★③ $\left(\frac{1}{10}\text{の位}\right)$

$3.52 \overline{)9.9}$

解答　計算 5級

●1ページ

1 ①$1\frac{4}{9}$　②$6\frac{3}{7}$　③$\frac{3}{8}$　④$1\frac{3}{10}$　⑤5　⑥$1\frac{3}{5}$

チェックポイント　分母が同じ分数のたし算・ひき算では，分母はそのままにして，分子だけのたし算・ひき算をするのが基本です。帯分数の計算は，整数部分と分数部分をそれぞれ計算してから合わせます。帯分数のひき算で分数部分がひけないときは，ひかれる数を仮分数(かぶんすう)に直してから計算します。

2 ①10000　②42000　③2400000　④20

3 ①18　②15.43　③72.678　④2.78　⑤19.58　⑥1.394　⑦5.22　⑧6.35　⑨3.735　⑩0.296

チェックポイント　3つの小数のたし算・ひき算は，3つの整数のときと同じように左から右へ順に計算します。ただし，かっこのついた式があるときは，かっこの中を先に計算します。

●2ページ

1 ①53.76　②41.247　③105.06　④5028.6　⑤62.9　⑥296.1　⑦5133.6　⑧3430.53

チェックポイント　(小数)×(整数) の筆算では，はじめは小数点を考えないで整数と同じように計算し，積の小数点をかけられる数の小数点にそろえてうちます。

計算のしかた

```
①   8.96      ④     57.8
  ×    6          ×   87
  -------         -------
    53.76           4046
                   4624
                  -------
                  5028.6
```

2 ①7.6　②54.7 余(あま)り 0.3　③3.6 余り 3.7

チェックポイント　(小数)÷(整数) の筆算では，商をたてる位と次の㋐～㋒に注意します。
㋐商の小数点は，わられる数の小数点にそろえてうつ。
㋑余りの小数点は，わられる数の小数点にそろえてうつ。
㋒余りの出る場合は，
(わる数)×(商)+(余り)=(わられる数)
の式にあてはめて，確(たし)かめ算をします。

3 ①0.95　②2.45　③1.584

4 ①3.51　②0.87　③2.74

チェックポイント　$\frac{1}{100}$ の位までのがい数で商を求めるには，$\frac{1}{1000}$ の位を四捨五入(ししゃごにゅう)します。

●3ページ

1 ①1　②$4\frac{1}{5}$　③$4\frac{7}{9}$　④$\frac{5}{6}$　⑤$1\frac{5}{7}$　⑥$3\frac{1}{4}$

2 ①2500　②85000　③16　④560000

計算のしかた
①6300−3800=2500
③8000÷500=16

3 ①5.25　②120　③0.1202　④0.48　⑤1.865　⑥1.59　⑦2.84　⑧0.89　⑨6.04　⑩7.26

●4ページ

1 ①0.94　②538.4　③108　④389.27　⑤7727.4　⑥151.2　⑦16076.5　⑧96952.8

2 ①0.45 余(あま)り 0.01　②0.89 余り 0.4　③3.47 余り 0.05

3 ①1.475　②0.875　③1.025

4 ①1.2 ②0.7 ③2.8

●5ページ

□内 ①4144 ②2 ③414400 ④2 ⑤41440

●6ページ

1 ①2100 ②54 ③200 ④25200 ⑤3780 ⑥6000 ⑦344 ⑧588 ⑨26000 ⑩988 ⑪42120 ⑫6370 ⑬928 ⑭43470 ⑮6720 ⑯34800 ⑰8448 ⑱6392

チェックポイント (小数)×(終わりに0のついた整数) の筆算では，終わりにある0の個数(こすう)だけ小数点の位置を右に移(うつ)します。

計算のしかた

① 0.3
× 7000
21000

② 0.06
× 900
5400

③ 0.04
× 5000
20000

④ 2.8
× 9000
252000

⑤ 5.4
× 700
37800

⑥ 0.75
× 8000
600000

⑦ 0.04
× 8600
24
32
34400

⑧ 0.6
× 980
48
54
5880

⑨ 0.5
× 52000
10
25
260000

⑩ 2.6
× 380
208
78
9880

⑪ 5.4
× 7800
432
378
421200

⑫ 0.98
× 6500
490
588
637000

⑬ 3.2
× 290
288
64
9280

⑭ 6.3
× 6900
567
378
434700

⑮ 0.8
× 8400
32
64
67200

⑯ 0.4
× 87000
28
32
348000

⑰ 0.96
× 8800
768
768
844800

⑱ 0.68
× 9400
272
612
639200

●7ページ

□内 ①100 ②273 ③3 ④9 ⑤39

●8ページ

1 ①32 ②86 ③65 ④5.2 ⑤6.3 ⑥9.8 ⑦80 ⑧4 ⑨70 ⑩2.7 ⑪5.9 ⑫8.2 ⑬7.6 ⑭3.4 ⑮8.6 ⑯0.06 ⑰0.09 ⑱0.27

チェックポイント 終わりに0のついた数でわるわり算の筆算では，わる数の終わりについた0を消すために，わる数とわられる数を10や100の倍数でわって，かんたんな式に直して計算します。

計算のしかた

① 32
600)19200
18
12
12
0

② 86
400)34400
32
24
24
0

③ 65
800)52000
48
40
40
0

④ 5.2
700)3640
35
14
14
0

⑤ 6.3
900)5670
54
27
27
0

⑥ 9.8
300)2940
27
24
24
0

⑦ 80
270)21600
216
0

⑧ 4
430)1720
172
0

⑨ 70
860)60200
602
0

⑩ 2.7
3400)9180
68
238
238
0

⑪ 7600)44840 = 5.9
380
684
684
0

⑫ 9200)75440 = 8.2
736
184
184
0

⑬ 5600)42560 = 7.6
392
336
336
0

⑭ 8300)28220 = 3.4
249
332
332
0

⑮ 4500)38700 = 8.6
360
270
270
0

⑯ 28000)1680 = 0.06
168
0

⑰ 69000)6210 = 0.09
621
0

⑱ 74000)19980 = 0.27
148
518
518
0

●9 ページ

1 ①56 ②5670 ③2400 ④1462 ⑤8265 ⑥2124 ⑦69120 ⑧1392

2 ①57 ②49 ③7.3 ④32 ⑤96 ⑥50 ⑦8.5 ⑧0.08

●10 ページ

1 ①42 ②3420 ③415 ④7200 ⑤2728 ⑥2482 ⑦2880 ⑧7104

2 ①43 ②76 ③9.2 ④28 ⑤8.4 ⑥0.36 ⑦38.85 ⑧2.6

●11 ページ

□内 ①10 ②3.2 ③100 ④4.2

●12 ページ

1 ①2.8 ②1.8 ③1.6 ④5.4 ⑤20 ⑥49 ⑦12 ⑧64 ⑨300 ⑩360 ⑪0.32 ⑫0.21 ⑬5.4 ⑭2.4 ⑮16 ⑯42 ⑰0.012 ⑱0.063 ⑲0.09 ⑳4.5

チェックポイント (整数)×(小数) は，(整数)×(整数)÷10，(整数)×(整数)÷100 のように考えて計算します。答えの小数点の位置に注意します。

計算のしかた

①4×0.7=4×7÷10=2.8
②6×0.3=6×3÷10=1.8
③2×0.8=2×8÷10=1.6
④9×0.6=9×6÷10=5.4
⑤50×0.4=50×4÷10=20
⑥70×0.7=70×7÷10=49
⑦40×0.3=40×3÷10=12
⑧80×0.8=80×8÷10=64
⑨600×0.5=600×5÷10=300
⑩900×0.4=900×4÷10=360
⑪4×0.08=4×8÷100=0.32
⑫3×0.07=3×7÷100=0.21
⑬60×0.09=60×9÷100=5.4
⑭80×0.03=80×3÷100=2.4
⑮400×0.04=400×4÷100=16
⑯700×0.06=700×6÷100=42
⑰2×0.006=2×6÷1000=0.012
⑱9×0.007=9×7÷1000=0.063
⑲30×0.003=30×3÷1000=0.09
⑳500×0.009=500×9÷1000=4.5

●13 ページ

□内 ①5 ②180 ③2 ④72 ⑤900 ⑥90

●14 ページ

1 ①58.1 ②14.1 ③32 ④50.4 ⑤23.4 ⑥76 ⑦41.4 ⑧192.4 ⑨481 ⑩808.4 ⑪296.4 ⑫960.4 ⑬71.4 ⑭249.1 ⑮423.2 ⑯63.7 ⑰600.3 ⑱809.1 ⑲703 ⑳691.2

チェックポイント

(整数)×$\left(\frac{1}{10}\text{の位までの小数}\right)$ の筆算では，答えの小数点の位置はかける数の小数点の位置と同じにします。
また，③の計算結果 32.0 のように，小数点以下の末位に0がつくときは，0 を消して 32 を答えにします。

計算のしかた

① 83 × 0.7 = 58.1

② 47 × 0.3 = 14.1

③ 64 × 0.5 = 32.0

④ 56 × 0.9 = 50.4

⑤ 39 × 0.6 = 23.4

⑥ 95 × 0.8 = 76.0

⑦ 18 × 2.3
 54
36
41.4

⑧ 37 × 5.2
 74
185
192.4

⑨ 65 × 7.4
260
455
481.0

⑩ 94 × 8.6
564
752
808.4

⑪ 76 × 3.9
684
228
296.4

⑫ 98 × 9.8
784
882
960.4

⑬ 21 × 3.4
84
63
71.4

⑭ 53 × 4.7
371
212
249.1

⑮ 46 × 9.2
92
414
423.2

⑯ 49 × 1.3
147
49
63.7

⑰ 87 × 6.9
783
522
600.3

⑱ 93 × 8.7
651
744
809.1

⑲ 74 × 9.5
370
666
703.0

⑳ 96 × 7.2
192
672
691.2

●15ページ

1 ①1 ②24 ③350 ④0.24 ⑤8.1 ⑥40

2 ①22.8 ②65.7 ③20.3 ④146.4 ⑤51.2 ⑥19.2 ⑦192.4 ⑧243.6 ⑨436.8 ⑩252 ⑪545.2 ⑫579.5 ⑬167.5 ⑭436.1

●16ページ

1 ①0.3 ②5.6 ③36 ④0.015 ⑤0.36 ⑥5.6

2 ①58.8 ②18.9 ③28 ④604.8 ⑤502.2 ⑥312 ⑦576.6 ⑧480 ⑨695.8 ⑩205.2 ⑪469.2 ⑫412.8 ⑬174.8 ⑭647.8

●17ページ

1 ①2.4 ②210 ③4.5 ④0.16 ⑤536 ⑥247 ⑦2888 ⑧51.3 ⑨65.1 ⑩571.2 ⑪569.5 ⑫259.2 ⑬488.8

2 ①46 ②9.8 ③3.4

●18ページ

1 ①72 ②0.15 ③28 ④0.36 ⑤79120 ⑥19040 ⑦352.8 ⑧632.4 ⑨394.8 ⑩208 ⑪808.4 ⑫148.2 ⑬636.4

2 ①8.2 ②64 ③0.95

●19ページ

□内 ①5 ②890 ③4 ④712 ⑤8010 ⑥80.1

●20ページ

1 ①42.5 ②249.32 ③331.36 ④439.37 ⑤280.28 ⑥526.08 ⑦62.32 ⑧236.06 ⑨673.38 ⑩3.328 ⑪5.715 ⑫19.152 ⑬19.906 ⑭68.544 ⑮59.364 ⑯10.604 ⑰48.783 ⑱80.41 ⑲35.511 ⑳42.048

チェックポイント

(整数)×$\left(\frac{1}{100}\right.$ の位までの小数$\left.\right)$,
(整数)×$\left(\frac{1}{1000}\right.$ の位までの小数$\left.\right)$ の筆算では,
答えの小数点の位置はかける数の小数点の位置と同じにします。
また,①の計算結果 42.50 のように,小数点以下の末位に 0 がつくときは,0 を消して 42.5 を答えにします。

計算のしかた

① 125 × 0.34
500
375
42.50（0を消す）

② 271 × 0.92
542
2439
249.32

③ 436 × 0.76
2616
3052
331.36

④ 829 × 0.53
2487
4145
439.37

⑤ 637 × 0.44
2548
2548
280.28

⑥ 548 × 0.96
3288
4932
526.08

⑦ 328 × 0.19
2952
328
62.32

⑧ 407 × 0.58
3256
2035
236.06

⑨ 774 × 0.87
5418
6192
673.38

⑩ 13 × 0.256
78
65
26
3.328

⑪ 45 × 0.127
315
90
45
5.715

⑫ 28 × 0.684
112
224
168
19.152

⑬ 37 × 0.538
296
111
185
19.906

⑭ 72 × 0.952
144
360
648
68.544

⑮ 68 × 0.873
204
476
544
59.364

⑯ 241 × 0.044
964
964
10.604

⑰ 707 × 0.069
6363
4242
48.783

⑱ 935 × 0.086
5610
7480
80.410（0を消す）

⑲ 623 × 0.057
4361
3115
35.511

⑳ 584 × 0.072
1168
4088
42.048

●21 ページ

□内 ①100 ②0.24 ③1000 ④0.056

●22 ページ

1 ①0.08 ②0.24 ③0.48 ④0.45
⑤0.42 ⑥0.35 ⑦0.28 ⑧0.3
⑨0.012 ⑩0.021 ⑪0.018 ⑫0.02
⑬0.014 ⑭0.042 ⑮0.027 ⑯0.063
⑰0.0015 ⑱0.0004 ⑲0.0025
⑳0.0049

チェックポイント (小数)×(小数) は,(整数)×(整数)÷100,(整数)×(整数)÷1000 のように考えて計算します。答えの小数点の位置に注意します。

計算のしかた

①0.2×0.4=2×4÷100=0.08
②0.3×0.8=3×8÷100=0.24
③0.6×0.8=6×8÷100=0.48
④0.9×0.5=9×5÷100=0.45
⑤0.7×0.6=7×6÷100=0.42
⑥0.5×0.7=5×7÷100=0.35
⑦0.7×0.4=7×4÷100=0.28

⑧0.6×0.5=6×5÷100=0.3
⑨0.04×0.3=4×3÷1000=0.012
⑩0.03×0.7=3×7÷1000=0.021
⑪0.09×0.2=9×2÷1000=0.018
⑫0.05×0.4=5×4÷1000=0.02
⑬0.2×0.07=2×7÷1000=0.014
⑭0.6×0.07=6×7÷1000=0.042
⑮0.9×0.03=9×3÷1000=0.027
⑯0.7×0.09=7×9÷1000=0.063
⑰0.03×0.05=3×5÷10000=0.0015
⑱0.02×0.02=2×2÷10000=0.0004
⑲0.05×0.05=5×5÷10000=0.0025
⑳0.07×0.07=7×7÷10000=0.0049

●23ページ

1 ①0.08 ②0.4 ③0.56 ④0.036
⑤0.01 ⑥0.032

2 ①114.08 ②641.52 ③229.95
④309.68 ⑤240.64 ⑥679.56
⑦3.915 ⑧65.052 ⑨32.674
⑩88.908 ⑪30.537 ⑫49.896

●24ページ

1 ①0.09 ②0.72 ③0.032 ④0.035
⑤0.004 ⑥0.02

2 ①273.84 ②117.04 ③414.45
④533.8 ⑤292.53 ⑥851.92
⑦11.232 ⑧51.66 ⑨45.76
⑩60.171 ⑪650.263 ⑫1788.48

●25ページ

□内 ①9 ②675 ③4 ④300 ⑤3675
⑥2 ⑦1 ⑧3 ⑨3.675

●26ページ

1 ①10.08 ②26.28 ③34.17
④10.58 ⑤51.33 ⑥72 ⑦10.88
⑧21.28 ⑨1.008 ⑩2.205 ⑪2.86
⑫3.003 ⑬4.648 ⑭1.35 ⑮3.726
⑯3.783

チェックポイント (小数)×(小数) の計算では，答えの小数点の位置のまちがいが多いので，注意します。積の小数点から下のけた数は，かけられる数とかける数の小数点から下のけた数の和とします。

計算のしかた

①
```
   1.4
 × 7.2
    28
   98
 10.08
```
②
```
   7.3
 × 3.6
   438
  219
 26.28
```
③
```
   5.1
 × 6.7
   357
  306
 34.17
```
④
```
   4.6
 × 2.3
   138
   92
 10.58
```
⑤
```
   8.7
 × 5.9
   783
  435
 51.33
```
⑥
```
   9.6
 × 7.5
   480
  672
 72.00
```
⑦
```
   6.4
 × 1.7
   448
   64
 10.88
```
⑧
```
   3.8
 × 5.6
   228
  190
 21.28
```
⑨
```
  0.24
 ×  4.2
    48
   96
 1.008
```
⑩
```
  0.63
 ×  3.5
   315
  189
 2.205
```
⑪
```
  0.52
 ×  5.5
   260
  260
 2.860
```
⑫
```
  0.39
 ×  7.7
   273
  273
 3.003
```
⑬
```
   5.6
 × 0.83
   168
  448
 4.648
```
⑭
```
   7.5
 × 0.18
   600
   75
 1.350
```
⑮
```
   6.9
 × 0.54
   276
  345
 3.726
```
⑯
```
   3.9
 × 0.97
   273
  351
 3.783
```

●27ページ

□内 ①6 ②2244 ③8 ④2992
⑤32164 ⑥1 ⑦2 ⑧3 ⑨32.164

●28ページ

1 ①146.28 ②222.48 ③32.273
④32.732 ⑤29.643 ⑥82.99
⑦2.2684 ⑧7.682 ⑨0.39528
⑩1.1886 ⑪0.61644 ⑫100.34

⑬27.782　⑭47.953　⑮5.7227

⑯0.53755

計算のしかた

① $\begin{array}{r} 27.6 \\ \times\ 5.3 \\ \hline 828 \\ 1380 \\ \hline 146.28 \end{array}$　② $\begin{array}{r} 61.8 \\ \times\ 3.6 \\ \hline 3708 \\ 1854 \\ \hline 222.48 \end{array}$

③ $\begin{array}{r} 54.7 \\ \times 0.59 \\ \hline 4923 \\ 2735 \\ \hline 32.273 \end{array}$　④ $\begin{array}{r} 33.4 \\ \times 0.98 \\ \hline 2672 \\ 3006 \\ \hline 32.732 \end{array}$

⑤ $\begin{array}{r} 7.23 \\ \times\ 4.1 \\ \hline 723 \\ 2892 \\ \hline 29.643 \end{array}$　⑥ $\begin{array}{r} 9.65 \\ \times\ 8.6 \\ \hline 5790 \\ 7720 \\ \hline 82.990 \end{array}$

⑦ $\begin{array}{r} 4.28 \\ \times 0.53 \\ \hline 1284 \\ 2140 \\ \hline 2.2684 \end{array}$　⑧ $\begin{array}{r} 8.35 \\ \times 0.92 \\ \hline 1670 \\ 7515 \\ \hline 7.6820 \end{array}$

⑨ $\begin{array}{r} 5.49 \\ \times 0.072 \\ \hline 1098 \\ 3843 \\ \hline 0.39528 \end{array}$　⑩ $\begin{array}{r} 0.283 \\ \times\ 4.2 \\ \hline 566 \\ 1132 \\ \hline 1.1886 \end{array}$

⑪ $\begin{array}{r} 0.934 \\ \times\ 0.66 \\ \hline 5604 \\ 5604 \\ \hline 0.61644 \end{array}$　⑫ $\begin{array}{r} 2.9 \\ \times 34.6 \\ \hline 174 \\ 116 \\ 87 \\ \hline 100.34 \end{array}$

⑬ $\begin{array}{r} 0.58 \\ \times 47.9 \\ \hline 522 \\ 406 \\ 232 \\ \hline 27.782 \end{array}$　⑭ $\begin{array}{r} 7.9 \\ \times 6.07 \\ \hline 553 \\ 474 \\ \hline 47.953 \end{array}$

⑮ $\begin{array}{r} 0.89 \\ \times 6.43 \\ \hline 267 \\ 356 \\ 534 \\ \hline 5.7227 \end{array}$　⑯ $\begin{array}{r} 0.65 \\ \times 0.827 \\ \hline 455 \\ 130 \\ 520 \\ \hline 0.53755 \end{array}$

●29 ページ

1 ①27.36　②21.32　③7.998

④1.139　⑤3.332　⑥2.124　⑦104.16

⑧619.08　⑨27.262　⑩44.385

⑪19.234　⑫39.396　⑬4.459

⑭5.6314　⑮4.715　⑯2.5272

●30 ページ

1 ①33.54　②3.796　③6.392

④306.68　⑤486.42　⑥45.227

⑦4.8895　⑧1.2208　⑨7.296

⑩0.42164　⑪0.73778　⑫0.058934

2 ①419.02　②273.294　③26.2416

④0.26334

●31 ページ

1 ①25.56　②69.92　③479.64

④76.235　⑤4.564　⑥4241.28

2 ①0.06　②0.045　③0.02　④0.0036

⑤53.95　⑥1.764　⑦94.77　⑧33.264

⑨0.32004　⑩31.622

●32 ページ

1 ①46.86　②93.66　③65.985

④814.68　⑤36.612　⑥545.472

2 ①0.32　②0.009　③0.063　④0.0056

⑤10.26　⑥5.472　⑦25.606

⑧2.8616　⑨6.273　⑩0.77868

●33 ページ

□内　①10　②20　③4　④5　⑤10

⑥280　⑦7　⑧40

●34 ページ

1 ①5　②6　③20　④20　⑤80　⑥20

⑦50　⑧40　⑨90　⑩70　⑪30　⑫80

⑬40　⑭70　⑮700　⑯500　⑰300

⑱800　⑲700　⑳500

チェックポイント　(整数)÷(小数) の計算で，わる数が $\frac{1}{10}$ の位までの小数のときは，わる数もわられる数も 10 倍して，わる数を整数に直してから計算します。

計算のしかた

① 1÷0.2=10÷2=5

②3÷0.5=30÷5=6
③8÷0.4=80÷4=20
④4÷0.2=40÷2=20
⑤48÷0.6=480÷6=80
⑥16÷0.8=160÷8=20
⑦25÷0.5=250÷5=50
⑧36÷0.9=360÷9=40
⑨63÷0.7=630÷7=90
⑩21÷0.3=210÷3=70
⑪27÷0.9=270÷9=30
⑫64÷0.8=640÷8=80
⑬16÷0.4=160÷4=40
⑭42÷0.6=420÷6=70
⑮280÷0.4=2800÷4=700
⑯350÷0.7=3500÷7=500
⑰180÷0.6=1800÷6=300
⑱720÷0.9=7200÷9=800
⑲140÷0.2=1400÷2=700
⑳150÷0.3=1500÷3=500

●35 ページ

□内 ①100 ②500 ③1 ④500 ⑤100 ⑥1200 ⑦4 ⑧300

●36 ページ

1 ①700 ②200 ③50 ④80 ⑤600 ⑥800 ⑦400 ⑧600 ⑨400 ⑩200 ⑪500 ⑫900 ⑬300 ⑭700 ⑮6000 ⑯9000 ⑰8000 ⑱3000 ⑲8000 ⑳2000

チェックポイント (整数)÷(小数) の計算で，わる数が $\frac{1}{100}$ の位までの小数のときは，わる数もわられる数も 100 倍して，わる数を整数に直してから計算します。

計算のしかた

①7÷0.01=700÷1=700
②2÷0.01=200÷1=200
③3÷0.06=300÷6=50
④4÷0.05=400÷5=80
⑤24÷0.04=2400÷4=600
⑥56÷0.07=5600÷7=800
⑦36÷0.09=3600÷9=400
⑧12÷0.02=1200÷2=600
⑨32÷0.08=3200÷8=400
⑩14÷0.07=1400÷7=200
⑪15÷0.03=1500÷3=500
⑫36÷0.04=3600÷4=900
⑬18÷0.06=1800÷6=300
⑭56÷0.08=5600÷8=700
⑮420÷0.07=42000÷7=6000
⑯180÷0.02=18000÷2=9000
⑰720÷0.09=72000÷9=8000
⑱150÷0.05=15000÷5=3000
⑲240÷0.03=24000÷3=8000
⑳160÷0.08=16000÷8=2000

●37 ページ

1 ①80 ②8 ③20 ④80 ⑤90 ⑥60 ⑦90 ⑧80 ⑨300 ⑩600 ⑪900 ⑫60 ⑬400 ⑭800 ⑮900 ⑯700 ⑰700 ⑱600 ⑲4000 ⑳8000

●38 ページ

1 ①4 ②5 ③40 ④80 ⑤500 ⑥900 ⑦400 ⑧700 ⑨500 ⑩600 ⑪300 ⑫900 ⑬7000 ⑭8000

2 ①4000 ②9000 ③4000 ④9000 ⑤50000 ⑥700000

チェックポイント (整数)÷(小数) の計算で，わる数が $\frac{1}{1000}$ の位までの小数のときは，わる数もわられる数も 1000 倍して，わる数を整数に直してから計算します。

●39 ページ

□内 ①10 ②24 ③4 ④6 ⑤100 ⑥56 ⑦8 ⑧7

●40 ページ

1 ①6 ②7 ③3 ④9 ⑤8 ⑥7 ⑦2 ⑧3 ⑨70 ⑩40 ⑪80 ⑫40 ⑬0.8 ⑭0.4 ⑮0.3 ⑯0.5 ⑰0.6 ⑱0.5 ⑲8

⑳8

チェックポイント　(小数)÷(小数) の計算で，わる数が $\frac{1}{10}$ の位までの小数のときはわる数もわられる数も 10 倍し，わる数が $\frac{1}{100}$ の位までの小数のときはわる数もわられる数も 100 倍して，わる数を整数に直してから計算します。

計算のしかた

① 1.2÷0.2=12÷2=6
② 4.2÷0.6=42÷6=7
③ 2.4÷0.8=24÷8=3
④ 3.6÷0.4=36÷4=9
⑤ 7.2÷0.9=72÷9=8
⑥ 2.1÷0.3=21÷3=7
⑦ 0.08÷0.04=8÷4=2
⑧ 0.06÷0.02=6÷2=3
⑨ 3.5÷0.05=350÷5=70
⑩ 2.4÷0.06=240÷6=40
⑪ 6.4÷0.08=640÷8=80
⑫ 1.2÷0.03=120÷3=40
⑬ 0.08÷0.1=0.8÷1=0.8
⑭ 0.16÷0.4=1.6÷4=0.4
⑮ 0.21÷0.7=2.1÷7=0.3
⑯ 0.25÷0.5=2.5÷5=0.5
⑰ 0.3÷0.5=3÷5=0.6
⑱ 0.2÷0.4=2÷4=0.5
⑲ 0.16÷0.02=16÷2=8
⑳ 0.48÷0.06=48÷6=8

●41 ページ

□内　①10　②1　③360　④45　⑤8　⑥100　⑦2　⑧3900　⑨75　⑩52

●42 ページ

1　①5　②8　③6　④90　⑤50　⑥48　⑦32　⑧75　⑨25　⑩15　⑪94　⑫45　⑬12　⑭280　⑮50

チェックポイント　(整数)÷(小数) の筆算では，わる数とわられる数の小数点を同じけた数だけ右へ移動(いどう)して，わる数を整数に直してから計算します。

計算のしかた

①
```
       5
3.6)180
    180
      0
```

②
```
       8
2.5)200
    200
      0
```

③
```
       6
8.5)510
    510
      0
```

④
```
       90
1.7)1530
    153
       0
```

⑤
```
       50
7.9)3950
    395
       0
```

⑥
```
          48
3.25)15600
     1300
      2600
      2600
         0
```

⑦
```
          32
7.75)24800
     2325
      1550
      1550
         0
```

⑧
```
          75
1.64)12300
     1148
       820
       820
         0
```

⑨
```
          25
5.36)13400
     1072
      2680
      2680
         0
```

⑩
```
      15
0.8)120
     8
     40
     40
      0
```

⑪
```
      94
0.5)470
    45
     20
     20
      0
```

⑫
```
      45
0.6)270
    24
     30
     30
      0
```

⑬
```
       12
0.75)900
     75
     150
     150
       0
```

⑭
```
       280
0.25)7000
     50
     200
     200
       0
```

⑮
```
        50
0.38)1900
     190
       0
```

●43 ページ

1 ①3 ②6 ③0.6 ④0.7 ⑤70 ⑥20 ⑦8 ⑧6

2 ①5 ②70 ③52 ④25 ⑤68 ⑥45 ⑦36 ⑧75 ⑨50

●44 ページ

1 ①6 ②0.2 ③0.7 ④40 ⑤30 ⑥9 ⑦300 ⑧90 ⑨6

2 ①6 ②60 ③92 ④35 ⑤85 ⑥56 ⑦50 ⑧75 ⑨800

●45 ページ

1 ①20 ②30 ③500 ④400 ⑤500 ⑥9000 ⑦4 ⑧30 ⑨0.7 ⑩8

2 ①25 ②270 ③120 ④170 ⑤75 ⑥1700

●46 ページ

1 ①2 ②80 ③400 ④100 ⑤700 ⑥5000 ⑦7 ⑧1 ⑨0.9 ⑩0.5

2 ①25 ②130 ③128 ④32 ⑤8 ⑥500

●47 ページ

□内 ①10 ②1 ③126 ④18 ⑤7 ⑥100 ⑦2 ⑧2430 ⑨54 ⑩45

●48 ページ

1 ①8 ②9 ③6 ④52 ⑤37 ⑥82 ⑦0.4 ⑧0.9 ⑨0.8 ⑩4.8 ⑪0.26 ⑫0.81

チェックポイント (小数)÷(小数) の筆算では，わる数とわられる数の小数点を同じけた数だけ右へ移して，わる数を整数に直してから計算します。商の小数点は，わられる数の移ったあとの小数点の位置にそろえます。

計算のしかた

```
①       8          ②       9
1,6)12,8           4,7)42,3
    128                423
      0                  0

③       6          ④      52
8,3)49,8           0,4)20,8
    498                20
      0                  8
                         8
                         0

⑤      37          ⑥      82
0,9)33,3           0,6)49,2
    27                 48
     63                 12
     63                 12
      0                  0

⑦     0.4          ⑧     0.9
1,8)0,7.2          7,3)6,5.7
      72                657
       0                  0

⑨     0.8          ⑩      4.8
9,2)7,3.6          8,7)41,7.6
     736               348
       0                696
                        696
                          0

⑪     0.26         ⑫     0.81
2,8)0,7.28         7,9)6,3.99
      56                632
      168                79
      168                79
        0                 0
```

●49 ページ

□内 ①0 ②1 ③20 ④16 ⑤1 ⑥4 ⑦40 ⑧2 ⑨8 ⑩80 ⑪5 ⑫1.25 ⑬3.25

●50 ページ

1 ①0.525 ②3.75 ③1.125 ④0.65 ⑤2.05 ⑥7.46 ⑦6.75 ⑧5.35 ⑨1.76 ⑩1.24 ⑪3.75 ⑫0.64

チェックポイント わり切れるまで計算する小数のわり算では，余りの右に0をつけたすと計算を続けることができます。

計算のしかた

```
①        0.525
0.4)0.2.1
       20
        10
         8
        20
        20
         0
```

```
②        3.75
0.8)30
     24
      60
      56
       40
       40
        0
```

```
③        1.125
0.4)0.4.5
      4
       5
       4
       10
        8
       20
       20
        0
```

```
④        0.65
2.8)1.8.2
     168
      140
      140
        0
```

```
⑤        2.05
7.6)15.5.8
     152
       380
       380
         0
```

```
⑥        7.46
4.5)33.5.7
     315
      207
      180
        270
        270
          0
```

```
⑦        6.75
8.8)59.4
     528
      660
      616
       440
       440
         0
```

```
⑧        5.35
7.2)38.5.2
     360
      252
      216
       360
       360
         0
```

```
⑨        1.76
2.5)4.4
     25
     190
     175
      150
      150
        0
```

```
⑩         1.24
0.85)1.05.4
        85
       204
       170
        340
        340
          0
```

```
⑪         3.75
0.76)2.85
       228
        570
        532
         380
         380
           0
```

```
⑫         0.64
0.35)0.22.4
        210
         140
         140
           0
```

●51ページ

1 ①8 ②6 ③87 ④0.7 ⑤2.3 ⑥54

2 ①3.425 ②5.25 ③2.84 ④7.48 ⑤0.64 ⑥6.08

●52ページ

1 ①8 ②42 ③96 ④0.7 ⑤7.3 ⑥0.19

2 ①0.725 ②1.85 ③8.84 ④28.5 ⑤6.76 ⑥62.4

●53ページ

□内 ①$\frac{1}{10}$ ②26.6 ③27 ④3 ⑤0.576 ⑥0.58

●54ページ

1 ①12 ②11 ③132 ④333 ⑤4 ⑥13

チェックポイント 商を一の位までのがい数で表すには，$\frac{1}{10}$の位の数を四捨五入(ししゃごにゅう)します。

計算のしかた

```
①        2
        11.6
4.9)570
     49
      80
      49
      310
      294
```

```
②        11.1
9.7)1080
      97
      110
       97
       130
        97
```

```
③        2
        131.6
0.6)790
     6
     19
     18
      10
       6
       40
       36
```

```
④       333.3
0.3)1000
      9
      10
       9
       10
        9
        10
         9
```

⑤
```
       4.3
8.6)37.2
     344
      280
      258
```
⑥
```
       13.2
7.1)94.3
     71
     233
     213
      200
      142
```
③
```
          8
        4.78
0.19)0.91
      76
      150
      133
       170
       152
```

2 ①75.7　②1.7　③19.6

チェックポイント　商を $\frac{1}{10}$ の位までのがい数で表すには，$\frac{1}{100}$ の位の数を四捨五入します。

計算のしかた

①
```
        75.71
0.7)530
     49
      40
      35
       50
       49
        10
         7
```
②
```
       1.70
4.3)73.4
     43
     304
     301
       30
```
③
```
            6
        19.58
9.7)1900
     97
     930
     873
      570
      485
       850
       776
```

3 ①0.78　②15　③4.8

チェックポイント　商を上から2けたのがい数で表すには，上から3けた目の数を四捨五入します。

計算のしかた

①
```
       0.783
3.7)29.0
     259
      310
      296
       140
       111
```
②
```
          5
       14.6
0.9)13.2
      9
      42
      36
       60
       54
```

●55ページ

□内　①19　②9　③1.1　④55　⑤16.9　⑥0.005

●56ページ

1 ①1余り0.4　②6余り0.6　③3余り1.3　④8余り6.8　⑤2余り0.76　⑥3余り1.44

チェックポイント　(整数)÷(小数)，(小数)÷(小数) で，余りを求める筆算では，商をたてる位と次の㋐～㋒に注意します。
㋐商の小数点は，わられる数の移ったあとの小数点の位置にそろえてうつ。
㋑余りの小数点は，わられる数のもとの小数点の位置にそろえてうつ。
㋒余りの出る場合は，
(わる数)×(商)+(余り)=(わられる数)
の式にあてはめて，確かめ算をしましょう。

計算のしかた

①
```
       1
0.9)1.3
      9
    0.4
```
②
```
       6
1.4)9.0
     84
    0.6
```
③
```
        3
3.7)12.4
     111
     1.3
```
④
```
        8
7.9)70.0
     632
     6.8
```
⑤
```
         2
0.86)2.48
      172
     0.76
```
⑥
```
         3
1.95)7.29
      585
     1.44
```

2 ①26.2余り0.002　②1.1余り0.14　③16.5余り0.005　④0.9余り0.11　⑤1.6余り0.84　⑥4.1余り0.072

計算のしかた

```
①          26.2
   0.29)7.60
         58
         180
         174
           60
           58
         0.002
```

```
②       1.1
   4.6)5.2
       46
        60
        46
       0.14
```

```
③           16.5
   0.63)10.40
          63
          410
          378
           320
           315
          0.005
```

```
④        0.9
   7.1)65.0
       639
       0.11
```

```
⑤        1.6
   8.6)14.6
        86
        600
        516
        0.84
```

```
⑥           4.1
   2.08)8.60
         832
          280
          208
         0.072
```

●57ページ

1 ①6 ②57 ③7 ④12 ⑤91 ⑥134

2 ①0.67 ②2.0 ③6.4

3 ①1余り0.2 ②3余り0.7 ③3余り0.07 ④10余り0.11 ⑤23余り1.6 ⑥98余り4.28

●58ページ

1 ①0.8 ②2.0 ③1.7 ④13.4 ⑤41.8 ⑥110.5

2 ①15 ②4.4 ③0.69

3 ①1.5余り0.05 ②12.5余り0.1 ③9.0余り0.03

●59ページ

1 ①8 ②8 ③56 ④89 ⑤0.6 ⑥76

2 ①7.3 ②0.365 ③2.75

3 ①2 ②9.3 ③1.7余り0.38

●60ページ

1 ①64 ②75 ③1.8 ④2.74 ⑤0.84 ⑥85 ⑦2.425 ⑧4.92 ⑨7.625

2 ①0.86 ②11余り2.2 ③1.1余り0.83

進級テスト(1)

●61ページ

1 ①2.7　②5.6　③0.3　④0.024
⑤0.0072　⑥50　⑦50　⑧900　⑨800
⑩700　⑪90000　⑫0.9　⑬40　⑭5

計算のしかた

①3×0.9=3×9÷10=2.7
②700×0.008=700×8÷1000=5.6
③0.5×0.6=5×6÷100=0.3
④0.06×0.4=6×4÷1000=0.024
⑤0.09×0.08=9×8÷10000=0.0072
⑥5÷0.1=50÷1=50
⑦30÷0.6=300÷6=50
⑧720÷0.8=7200÷8=900
⑨8÷0.01=800÷1=800
⑩35÷0.05=3500÷5=700
⑪810÷0.009=810000÷9=90000
⑫0.09÷0.1=0.9÷1=0.9
⑬2.8÷0.07=280÷7=40
⑭0.04÷0.008=40÷8=5

2 ①5628　②2273.7　③81.7　④44.03
⑤74.82　⑥4.896　⑦2.2971
⑧70.1442

計算のしかた

① 0.67 × 8400 → 268, 536, 5628.00
② 39 × 58.3 → 117, 312, 195, 2273.7
③ 86 × 0.95 → 430, 774, 81.70
④ 595 × 0.074 → 2380, 4165, 44.030
⑤ 8.7 × 8.6 → 522, 696, 74.82
⑥ 6.8 × 0.72 → 136, 476, 4.896
⑦ 4.03 × 0.57 → 2821, 2015, 2.2971
⑧ 7.98 × 8.79 → 7182, 5586, 6384, 70.1442

●62ページ

3 ①92　②25　③2.8

計算のしかた

① 700)64400 → 92　63, 14, 14, 0
② 0.52)13.00 → 25　104, 260, 260, 0
③ 6.4)17.92 → 2.8　128, 512, 512, 0

4 ①4.375　②5.84　③3.25

計算のしかた

① 0.4)1.75 → 4.375　16, 15, 12, 30, 28, 20, 20, 0
② 0.75)4.38 → 5.84　375, 630, 600, 300, 300, 0
③ 5.6)18.2 → 3.25　168, 140, 112, 280, 280, 0

5 ①64　②1.1　③0.73

計算のしかた

①
```
       64.4
0.7)45.1
    42
     31
     28
      30
      28
```

②
```
       1.12
8.5)9.6
    85
    110
     85
    250
    170
```

③
```
          3
        0.726
0.68)0.49.4
      476
       180
       136
        440
        408
```

6 ①1 余(あま)り 0.5　②10 余り 5.9

③5.6 余り 0.052

計算のしかた

①
```
       1
0.9)1.4
     9
    0.5
```

②
```
        10
6.8)73.9
    68
     5.9
```

③
```
        5.6
0.83)4.70
     415
      550
      498
     0.052
```

進級テスト(2)

●63 ページ

1 ①24　②0.035　③0.027　④0.016

⑤0.003　⑥30　⑦50　⑧700　⑨200

⑩800　⑪90000　⑫7　⑬60　⑭0.8

計算のしかた

①60×0.4=60×4÷10=24

②5×0.007=5×7÷1000=0.035

③0.03×0.9=3×9÷1000=0.027

④0.8×0.02=8×2÷1000=0.016

⑤0.06×0.05=6×5÷10000=0.003

⑥6÷0.2=60÷2=30

⑦35÷0.7=350÷7=50

⑧560÷0.8=5600÷8=700

⑨6÷0.03=600÷3=200

⑩40÷0.05=4000÷5=800

⑪630÷0.007=630000÷7=90000

⑫1.4÷0.2=14÷2=7

⑬4.8÷0.08=480÷8=60

⑭0.4÷0.5=4÷5=0.8

2 ①6586　②57.6　③139.23

④14.065　⑤17.28　⑥3.762

⑦49.528　⑧0.44835

計算のしかた

①
```
    8.9
  ×740
    356
  623
  6586.0
```

②
```
   64
 ×0.9
 57.6
```

③
```
     273
  ×0.51
     273
   1365
  139.23
```

④
```
       29
  ×0.485
      145
     232
    116
   14.065
```

⑤
```
    3.6
  ×4.8
    288
   144
   17.28
```

⑥
```
    5.7
  ×0.66
    342
   342
   3.762
```

解答

⑦
```
     6.04
  ×   8.2
   1208
  4832
  49.528
```

⑧
```
     0.49
  ×0.915
      245
      49
    441
  0.44835
```

●64 ページ

3 ①130 ②60 ③4

計算のしかた

①
```
          130
720)93600
    72
    216
    216
      0
```

②
```
        60
0.15)900
      90
       0
```

③
```
      4
1.3)5.2
    52
     0
```

4 ①0.625 ②3.75 ③0.09375

計算のしかた

①
```
    0.625
2.4)1.5.0
    144
      60
      48
      120
      120
        0
```

②
```
      3.75
7.6)28.5
    228
     570
     532
      380
      380
        0
```

③
```
     0.09375
9.6)0.9.00
    864
     360
     288
      720
      672
       480
       480
         0
```

5 ①37 ②0.9 ③170

計算のしかた

①
```
         7
       36.7
5.2)1910
    156
     350
     312
      380
      364
```

②
```
            9
          0.85
41.8)357.6
     3344
      2320
      2090
```

③
```
       0
     174
0.3)52.4
    3
    22
    21
     14
     12
```

6 ①2余り0.2 ②5余り0.9

③2.8余り0.044

計算のしかた

①
```
          2
0.26)0.72
       52
     0.20
```

②
```
       5
1.5)8.4
     75
     0.9
```

③
```
          2.8
3.52)9.90
      704
      2860
      2816
      0.044
```